CAXA 制造工程师
技能训练实例及要点分析

张喜江　编著

化学工业出版社

·北京·

本书采用训练与练习相结合的案例教学方式，按照 CAD/CAM 软件的学习过程，系统地介绍 CAXA 制造工程师的造型、编程特点。所有训练和练习以数控铣加工工艺为主线，强调 CAXA 制造工程师解决问题的具体工作过程。第一章按照曲线、实体、曲面的顺序，从易到难系统介绍了 CAXA 制造工程师的造型功能；第二章则按照 2.5 轴加工、3 轴加工、多轴加工的顺序，介绍了平面加工、曲面加工的应用技巧。书中的附录一部分详细介绍了数控铣床的对刀技能，便于学生上机实习。附录二通过数控技能大赛的样题，让学生能灵活运用 CAXA 制造工程师来完成数加工中的各项技能、技术要求。

　　本书可作为中等职业学校数控加工专业、机械加工 CAD/CAM 课程的教材，也可作为高等专科学校数控加工专业的 CAD/CAM 课程的教材。

图书在版编目（CIP）数据

CAXA 制造工程师技能训练实例及要点分析/张喜江
编著 .—北京：化学工业出版社，（2018.9 重印）
ISBN 978-7-122-25399-6

Ⅰ. ①C…　Ⅱ. ①张…　Ⅲ. ①数控机床-计算机辅助
设计-应用软件　Ⅳ. ①TG659

中国版本图书馆 CIP 数据核字（2015）第 242087 号

责任编辑：张兴辉　　　　　　　　　文字编辑：陈　喆
责任校对：王素芹　　　　　　　　　装帧设计：王晓宇

出版发行：化学工业出版社（北京市东城区青年湖南街 13 号　邮政编码 100011）
印　　装：三河市双峰印刷装订有限公司
787mm×1092mm　1/16　印张 9½　字数 235 千字　2018 年 9 月北京第 1 版第 3 次印刷

购书咨询：010-64518888（传真：010-64519686）
售后服务：010-64518899
网　　址：http://www.cip.com.cn
凡购买本书，如有缺损质量问题，本社销售中心负责调换。

定　　价：39.00 元

前　言

　　随着数控加工技术的快速发展，以及日益复杂的零件编程需求，CAM 编程软件已经成为数控编程的必备工具。

　　CAXA 制造工程师是国内领先的 CAM 编程软件，具有卓越的工艺性，能完成 2～5 轴数控编程。它能为数控加工提供从造型、设计到加工代码生成、加工仿真、代码校验以及实体仿真等全面数控加工解决方案，具有多任务轨迹计算及管理、多加工参数选择、多轴加工、多刀具类型支持、多轴实体仿真等先进综合性能。

　　在国内制造业的数控车间，特别是中小企业，数控工艺人员、编程人员、操作员的界线正在逐渐消失，取而代之的是具有工艺制定、编程、操作能力的复合型高技能人才。本书就是以实际零件的制造过程为主线，来讲解 CAXA 制造工程师如何完成零件的加工编程。

　　本书采用训练与练习相结合的案例教学方式，按照 CAD/CAM 软件的学习过程，系统介绍 CAXA 制造工程师的造型、编程特点。所有训练和练习以数控铣加工工艺为主线，强调 CAXA 制造工程师解决问题的具体工作过程。第一章按照曲线、实体、曲面的顺序，从易到难系统介绍了 CAXA 制造工程师的造型功能；第二章则按照 2.5 轴加工、3 轴加工、多轴加工的顺序，介绍了平面加工、曲面加工的应用技巧。书中的附录一部分详细介绍了数控铣床的对刀技能，便于学生上机实习。附录二通过数控技能大赛的样题，让学生能灵活运用 CAXA 制造工程师来完成数控加工中的各项技能、技术要求。

　　笔者有多年从事 CAXA 制造工程师的教学、培训工作经验，注重 CAM 技术在实际应用环节的教学训练，本书可作为数控专业 CAM 课程的训练教程。

编著者

目　录

第一章 造型

第一节 绘制二维曲线

曲线质量决定了后续操作的成功率，在修剪和删除曲线时，一定要清晰、简捷，避免出现断头、交叉、重合等情况。合理使用辅助线，则是绘制二维图的主要技巧之一。

训练 1 点的输入（图 1-1）

任务 1：使用绝对坐标绘图。

任务 2：使用相对坐标绘图（使用函数加减乘除等）。

任务 3：快速绘图。

训练 2 角度线（图 1-2）

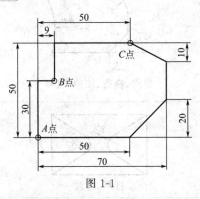

图 1-1

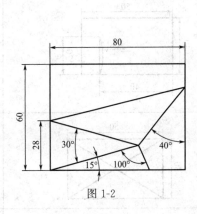

图 1-2

提示：逆时针为角度正方向。

训练 3 圆弧与圆（图 1-3）

提示：绘制"2 点＋半径"圆弧时，注意 2 点的选择位置。

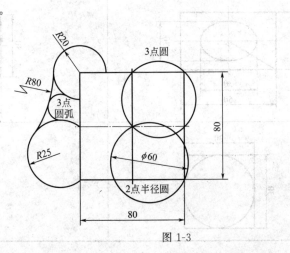

图 1-3

训练 4 曲线修剪与曲线过渡（图 1-4）

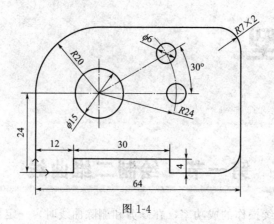

图 1-4

训练 5 曲线编辑（表 1-1）

任务 1：绘制图 A（表格中左半部分）。

任务 2：编辑图 A，并变成图 B（表格中右半部分）。

表 1-1

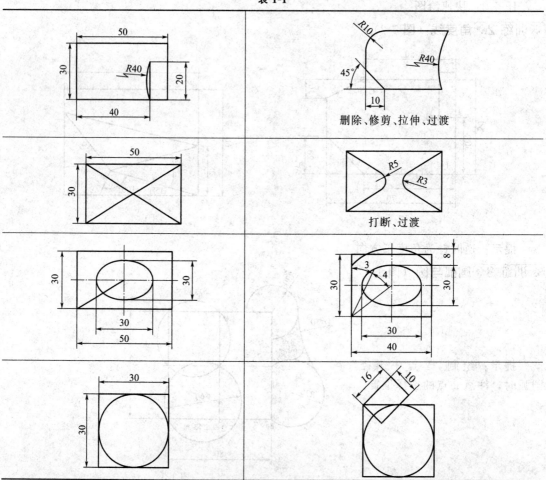

任务 1：缩放、镜像、阵列，见图 1-5。

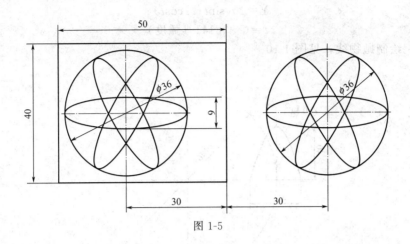

图 1-5

任务 2：阵列、镜像，见图 1-6～图 1-9。

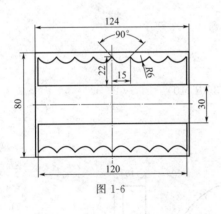

图 1-6

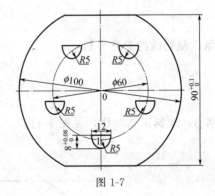

图 1-7

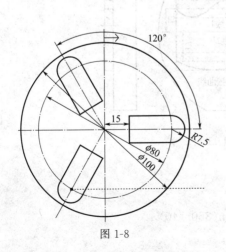

图 1-8

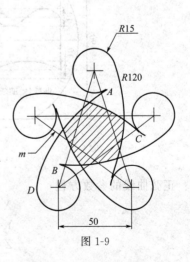

图 1-9

任务 1：根据给出的公式曲线，绘出二维曲线。

$$X = 10(\cos t + t\sin t) - 10$$
$$Y = 10(\sin t - t\cos t)$$
$$t = 0 \sim 3.141 \text{（弧度）}$$

任务 2：绘制抛物线，见图 1-10。

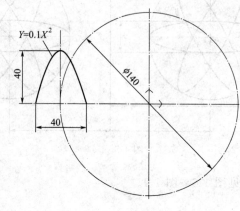

图 1-10

提示：抛物线的参数方程

$$X = t$$
$$Y = 5\sin(360t/40)$$
$$Z = 0$$

任务 3：绘制正弦曲线，见图 1-11。

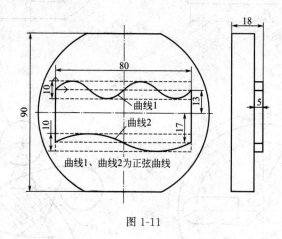

图 1-11

提示：正弦曲线的参数方程

$$X = t$$
$$Y = 5\sin(360t/40)$$
$$Z = 0$$

训练8 样条曲线

任务1：过 a_1、a_2、a_3 点，生成样条线，并且和两端的曲线相切，见图 1-12。

任务2：绘制图 1-13，输出"dat 格式"的数据点文件。

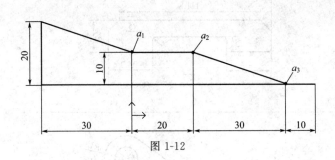

图 1-12

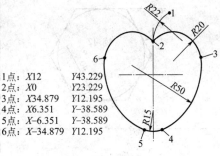

1点：$X12$　$Y43.229$
2点：$X0$　$Y23.229$
3点：$X34.879$　$Y12.195$
4点：$X6.351$　$Y-38.589$
5点：$X-6.351$　$Y-38.589$
6点：$X-34.879$　$Y12.195$

图 1-13

训练9 直线、圆弧练习（图 1-14）

参考作图顺序：

① 确定坐标零点；

② 绘制水平、铅垂线；

③ 绘制 $\phi80$、$R64$ 的圆；

④ 绘制 $R24$、2 个 $R14$ 圆；

⑤ 绘制 28 宽的槽；

⑥ 绘制 2 条 78 长的垂线、$R31$ 圆弧过渡；

⑦ 绘制 $R102$、$R12$ 的槽（15°、45°辅助直线，$R102$ 辅助圆弧）；

⑧ 绘制 $R24$ 圆弧；

⑨ 绘制 $R126$（$R102+R24$）圆弧；

⑩ $R30$、$R15$ 过渡；

⑪ 删除辅助曲线。

练习1 综合练习（图 1-15）

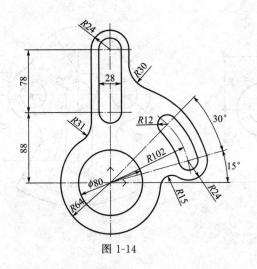

图 1-14

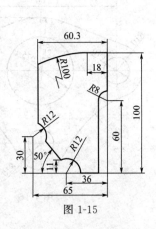

图 1-15

表 1-2

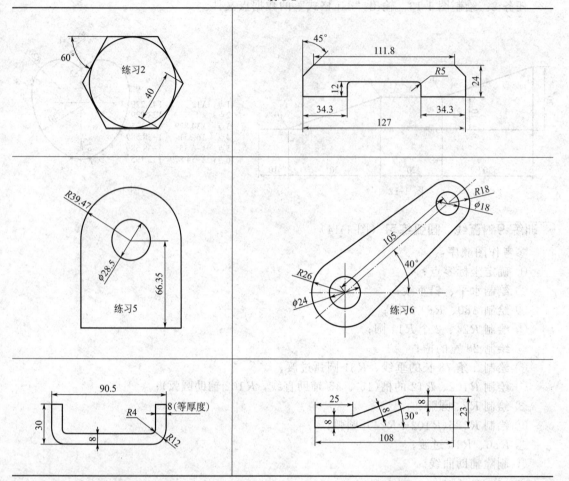

《 练习 3 》综合练习（图 1-16 和图 1-17）

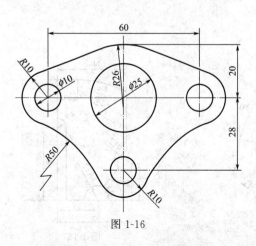

图 1-16

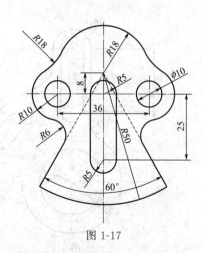

图 1-17

任务：分析图 1-18 已知尺寸，找出关键尺寸，确定绘图的顺序。

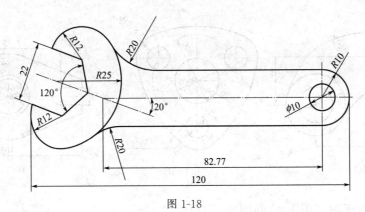

图 1-18

参考绘图步骤（表 1-3）：

① 水平、铅垂线；

② $\phi 10$、$R10$ 圆弧；

③ 20°斜线（距离 82.77）；

④ 等距线 11(22/2)；

⑤ $R12$ 圆弧；

⑥ 120°线；

⑦ 镜像 $R12$、120°线；

⑧ $R25$ 圆弧；

⑨ 2 条水平线（距离 20）；

⑩ $R20$ 过渡。

表 1-3

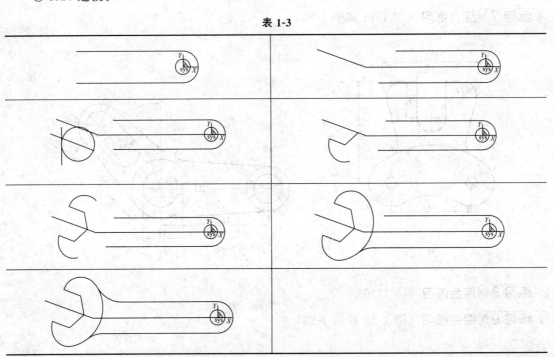

练习 5 综合练习（图 1-19～图 1-21）

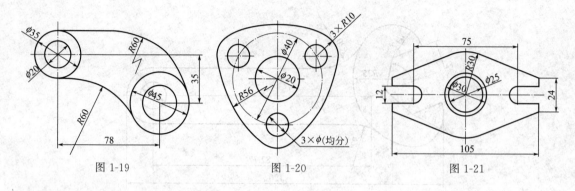

图 1-19　　　　　　　　图 1-20　　　　　　　　图 1-21

练习 6 综合练习（图 1-22 和图 1-23）

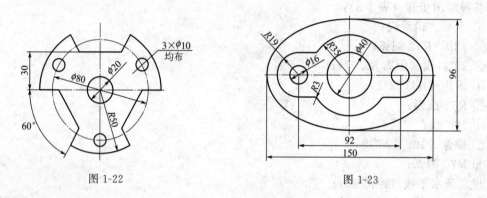

图 1-22　　　　　　　　　　　图 1-23

练习 7 综合练习（图 1-24 和图 1-25）

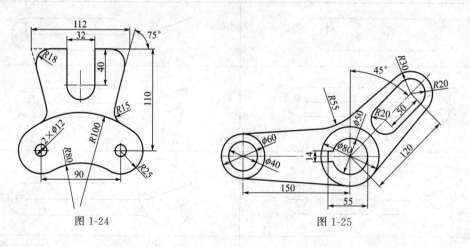

图 1-24　　　　　　　　　　　图 1-25

练习 8 综合练习（图 1-26）

练习 9 综合练习（图 1-27 和图 1-28）

　CAXA 制造工程师技能训练**实例及要点分析**

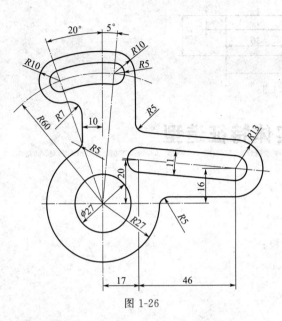

图 1-26

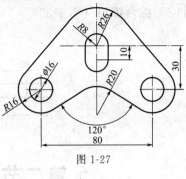

图 1-27

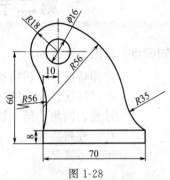

图 1-28

练习10 综合练习（图 1-29 和图 1-30）

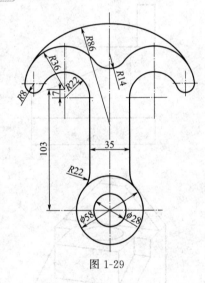

图 1-29

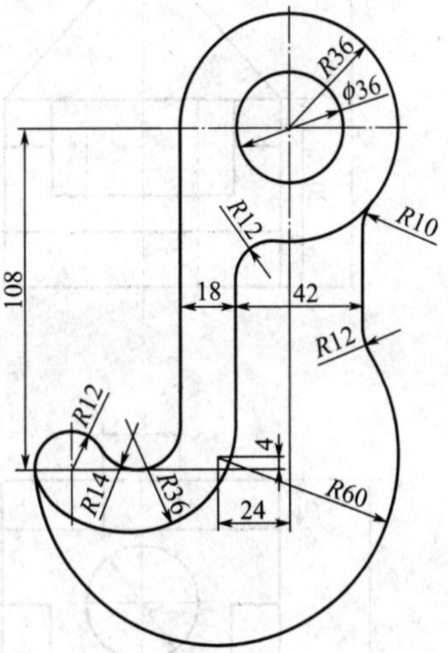

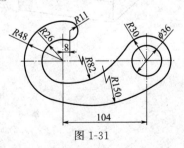

图 1-30

练习11 综合练习（图 1-31 和图 1-32）

图 1-31

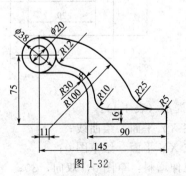

图 1-32

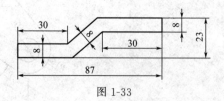

图 1-33

第二节　实体特征造型

💡知识点：草图、基准面；

拉伸特征、回转特征；

放样特征、导动特征；

过渡、倒角、筋、抽壳、拔模；

孔、阵列特征；

布尔运算。

训练 1 （图 1-34）

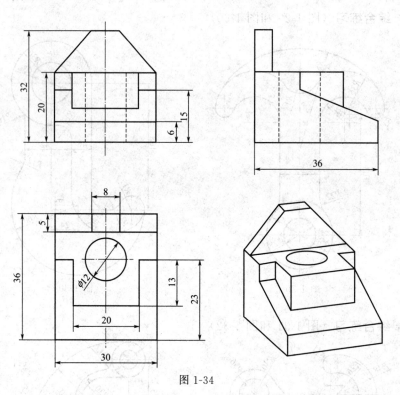

图 1-34

造型提示（表 1-4）：

① 在 XY 平面，绘曲线；

② 在 XY 平面，绘草图 0；

③ 拉伸增料：草图 0，双向，30；

④ 在 XY 平面，绘草图 1；

⑤ 拉伸增料：草图 1，双向，20；

⑥ 在 XY 平面，绘草图 2；

⑦ 旋转减料：草图 2，单向，360；

⑧ 在工件的左端面，绘草图 3；

⑨ 拉伸增料：草图 3，固定深度，5。

表 1-4

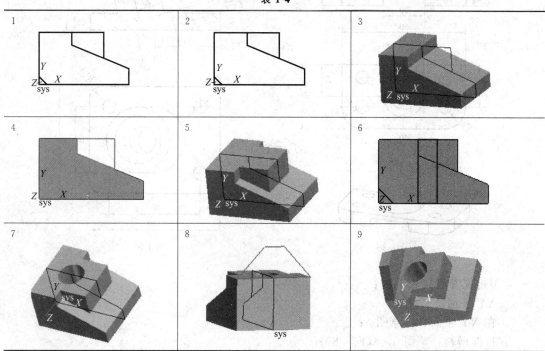

训练 2 （图 1-35）

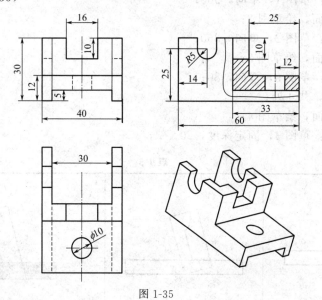

图 1-35

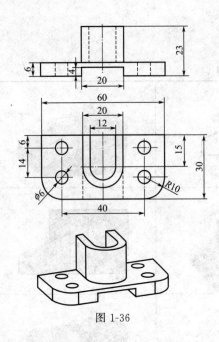

图 1-36

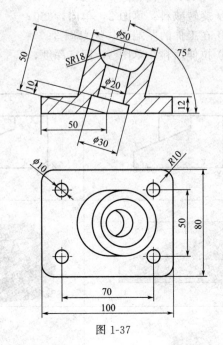

图 1-37

造型过程参考（表 1-5）：

① 在 XY 平面绘制曲线；

② 在 XY 平面，绘草图 0；

③ 拉伸增料：草图 0，双向，80；

④ 在 XY 平面，绘草图 1；

⑤ 旋转增料：草图 1，单向，360；

⑥ 在 XY 平面，绘草图 2；

⑦ 旋转减料：草图 2，单向，360；

⑧ 在 XY 平面，绘草图 3；

⑨ 拉伸减料：草图 3，双向，80；

⑩ 倒圆 R10，共 4 处；

⑪ 在 ZX 平面，绘草图 4；

⑫ 拉伸减料：草图 4，固定深度，20。

表 1-5

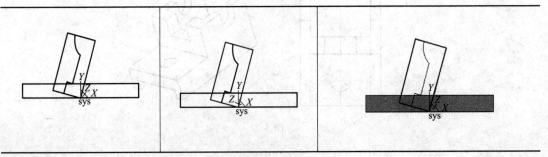

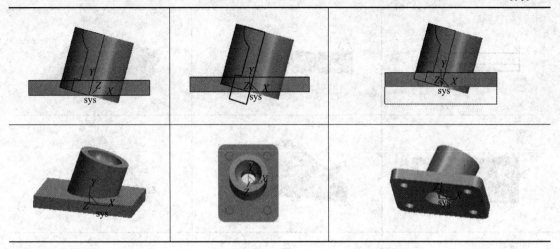

训练5 （图1-38）

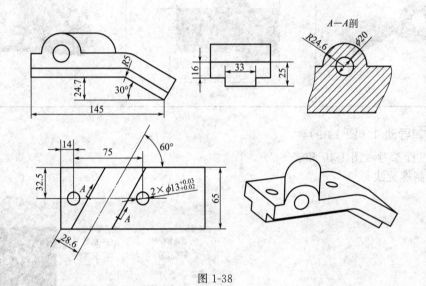

图1-38

造型提示（表1-6）：

① 在 XY 平面，绘制草图1；
② 拉伸增料：草图1，双向，33；
③ 在 XY 平面，绘制草图2；
④ 拉伸增料：草图2，双向，65；
⑤ 在顶部平面，绘草图3；
⑥ 旋转增料：草图3，单向180（提示：一定要事先绘制曲线作为旋转轴线）；
⑦ 继续在顶部平面，绘草图4；
⑧ 旋转除料：草图4，单向360；
⑨ 在顶部平面，绘草图5；
⑩ 拉伸减料：草图5，双向，100。

第一章 造型 13

表 1-6

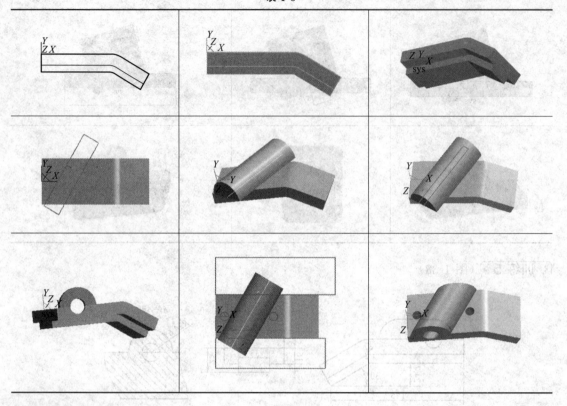

◈训练 6◈ 导动 1（图 1-39）

造型过程参考（图 1-40 和表 1-7）：

① 绘制螺旋线；

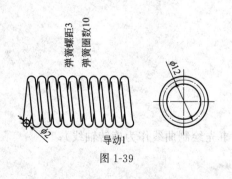

图 1-39

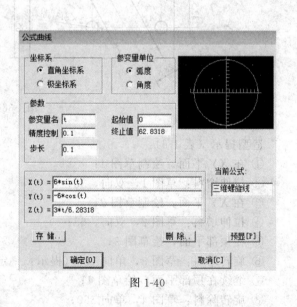

图 1-40

② 创建基准面：过点且垂直于曲线；

③ 选择基准面，绘草图 0；

④ 导动增料：草图 0，螺旋线，固接导动。

表 1-7

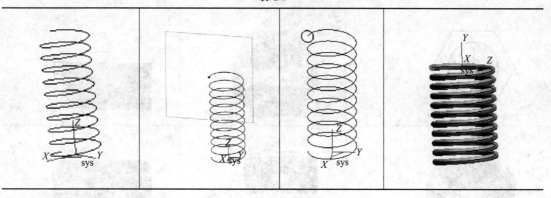

训练 7 螺母（图 1-41）

造型过程参考（表 1-8）：

① 在 XY 平面绘制草图 0，$\phi12$ 的圆、六边形；

② 拉伸增料：草图 0，固定深度，10；

③ 在 ZX 平面绘制草图 1，过 $\phi17$ 圆，做 45° 的三角形；

④ 回转减料：草图 1；

⑤ 绘制螺旋线，参数见图 1-42，放置点 $X0Y0Z-13$；

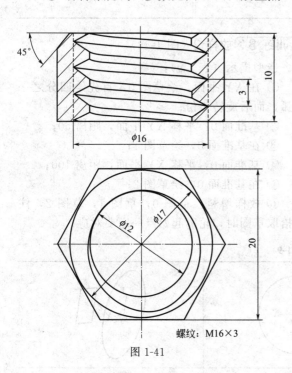

图 1-41

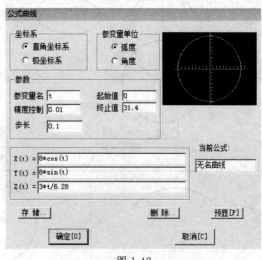

图 1-42

⑥ 过螺旋线端点、中心轴线做基准面；

⑦ 过基准面绘制草图 2，等边三角形，注意三角形的端点在螺旋线上，为避免干涉，三角形边长要小于螺距 3；

⑧ 导动除料：拉伸到面，拾取草图 1，拾取回转面。

表 1-8

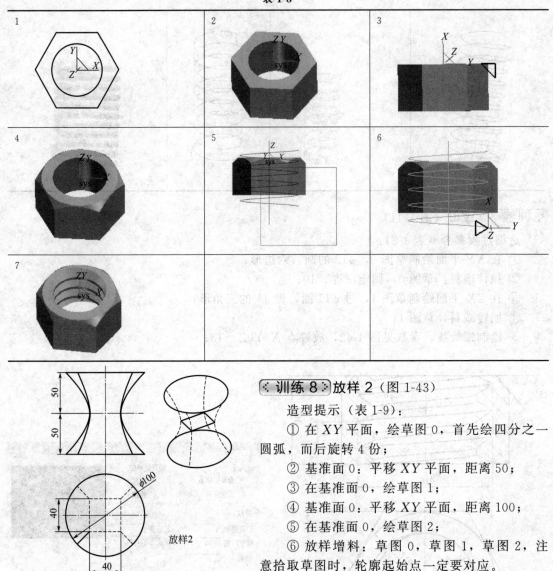

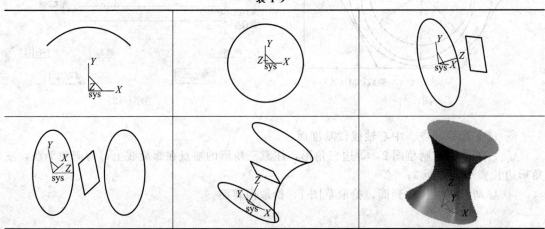

図 1-43

放样2

: 训练 8 : 放样 2（图 1-43）

造型提示（表 1-9）：

① 在 XY 平面，绘草图 0，首先绘四分之一圆弧，而后旋转 4 份；

② 基准面 0：平移 XY 平面，距离 50；

③ 在基准面 0，绘草图 1；

④ 基准面 0：平移 XY 平面，距离 100；

⑤ 在基准面 0，绘草图 2；

⑥ 放样增料：草图 0，草图 1，草图 2，注意拾取草图时，轮廓起始点一定要对应。

表 1-9

CAXA 制造工程师技能训练实例及要点分析

训练 9 放样 1（图 1-44）

训练10 放样 8（图 1-45）

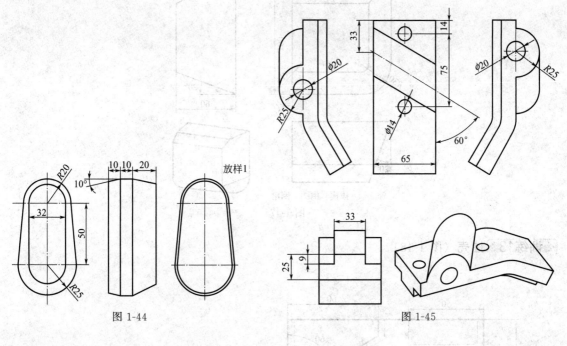

图 1-44

图 1-45

训练11 筋，倒角，圆阵列，孔（图 1-46）

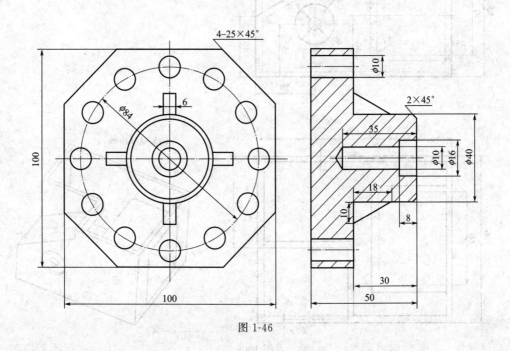

图 1-46

训练12 拔模，过渡（图 1-47）

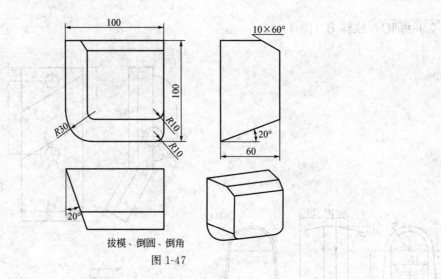

拔模、倒圆、倒角

图 1-47

训练13 抽壳（图 1-48）

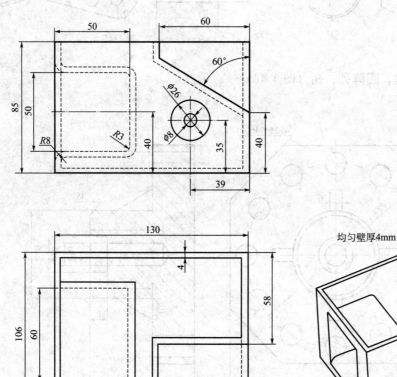

均匀壁厚4mm

图 1-48

造型提示（图 1-49 和表 1-10）：

① 在 XY 平面，绘曲线；

② 在 XY 平面，绘草图 0；

③ 拉伸增料：草图 0，单向，30；

④ 在 XY 平面，绘草图 1；

⑤ 拉伸减料：草图 1，单向，30；

⑥ 创建基准面 1：等距 XY 平面，距离 50；

⑦ 在基准面 1，绘草图 2；

⑧ 拉伸减料：草图 2，双向，50；

⑨ 过渡：$R3$、$R8$；

⑩ 抽壳：壁厚 4；

⑪ 孔：选择放置面，选择沉孔，选择位置，填写沉孔参数。

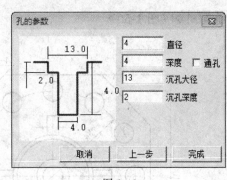

图 1-49

表 1-10

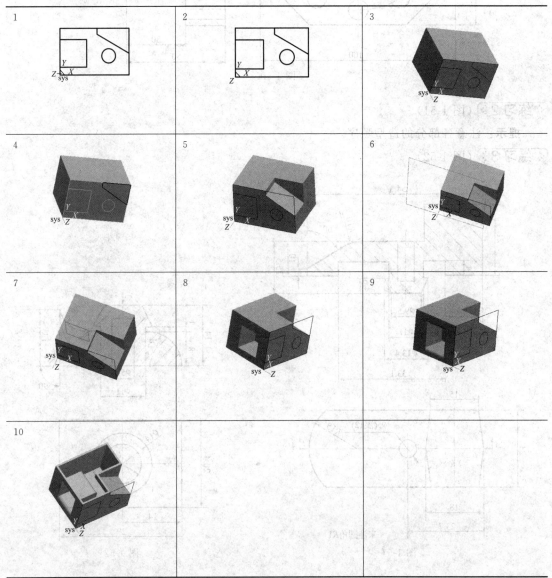

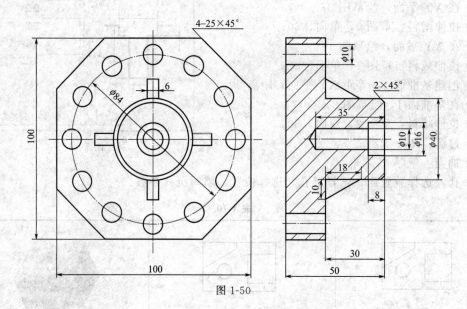

图 1-50

练习 2 （图 1-51）

提示：注意各部分的造型顺序。

练习 3 （图 1-52）

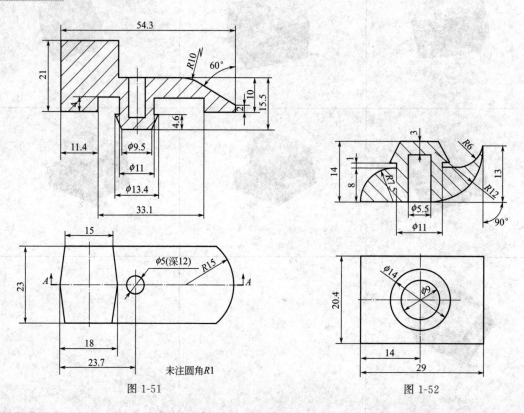

未注圆角R1

图 1-51

图 1-52

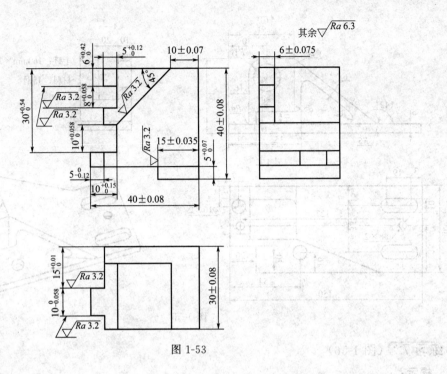

图 1-53

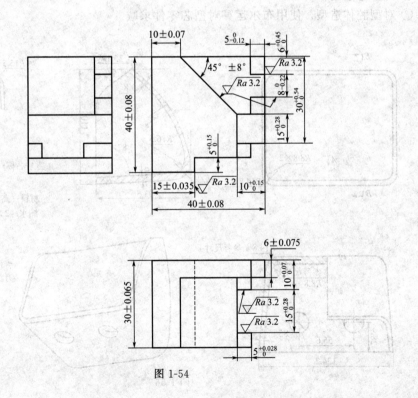

图 1-54

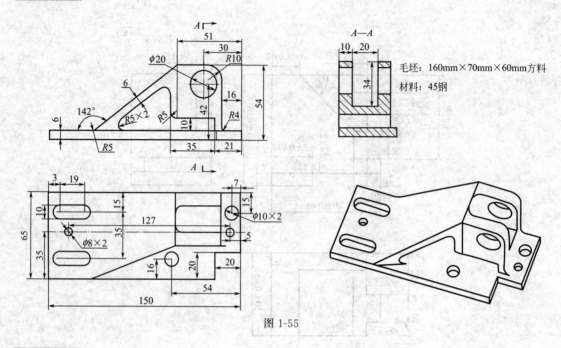

图 1-55

毛坯：160mm×70mm×60mm方料

材料：45钢

提示：

① 对型芯造型；

② 对型腔体造型，使用布尔运算对型芯零件求减。

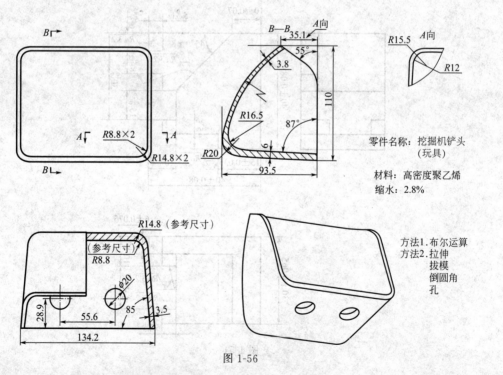

零件名称：挖掘机铲头
（玩具）

材料：高密度聚乙烯

缩水：2.8%

方法1.布尔运算
方法2.拉伸
拔模
倒圆角
孔

图 1-56

表 1-11

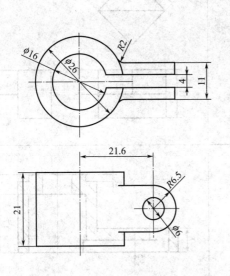

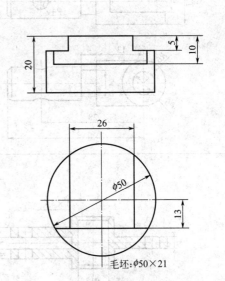

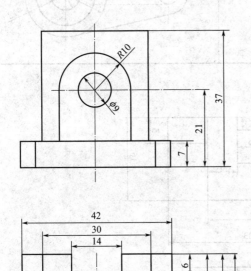

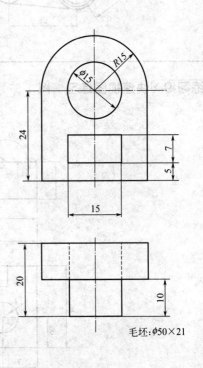

毛坯：$\phi50\times21$

毛坯：$\phi50\times21$

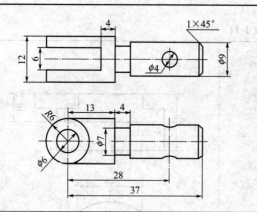

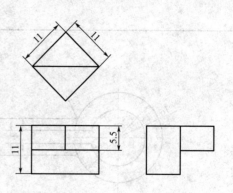

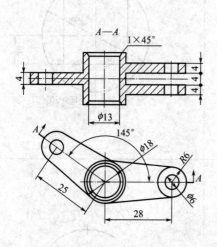

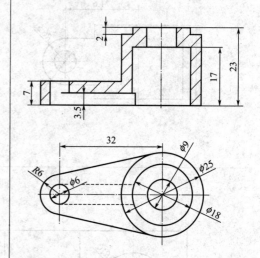

练习 9 快速视图练习（图 1-57）

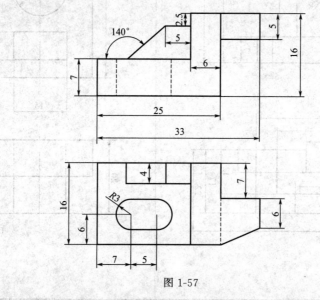

图 1-57

CAXA 制造工程师技能训练**实例及要点分析**

練習10 快速视图练习（图 1-58）

練習11 快速视图练习（图 1-59）

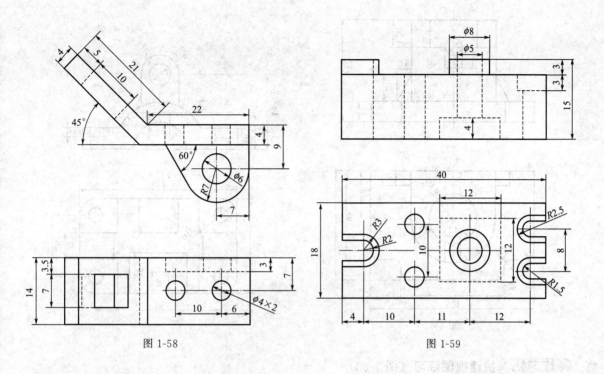

图 1-58

图 1-59

練習12 快速视图练习（图 1-60）

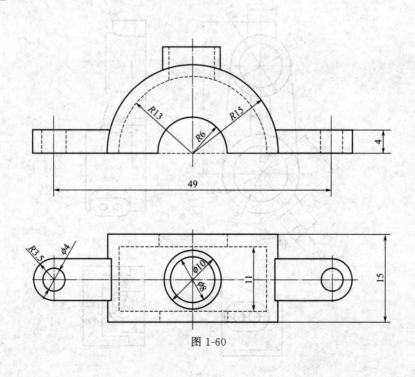

图 1-60

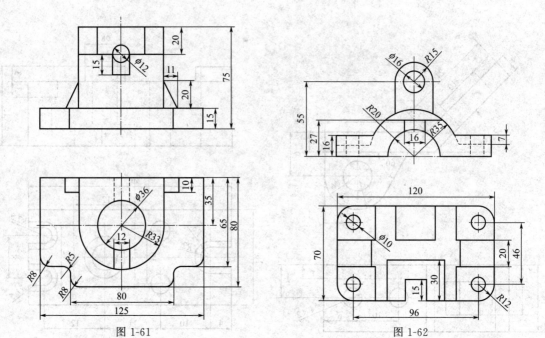

图 1-61

图 1-62

练习15 快速视图练习（图 1-63）

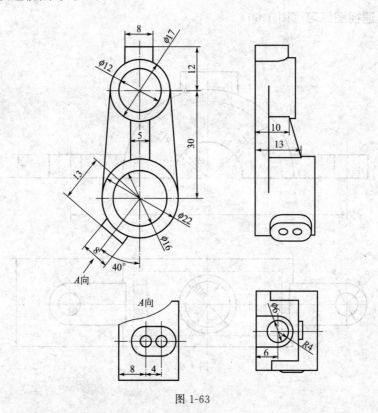

图 1-63

练习16 快速视图练习（图 1-64）

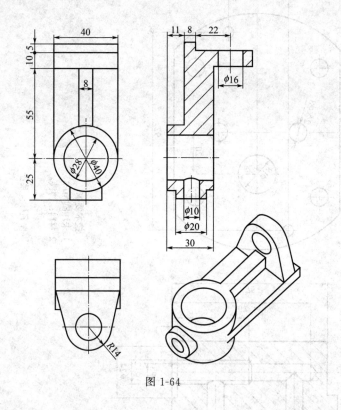

图 1-64

练习17 快速视图练习（图 1-65）

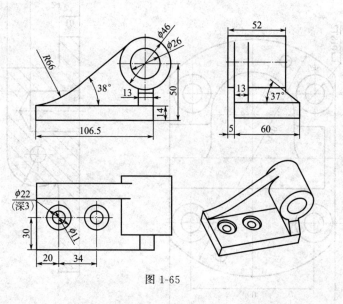

图 1-65

练习18 泵盖（图 1-66）

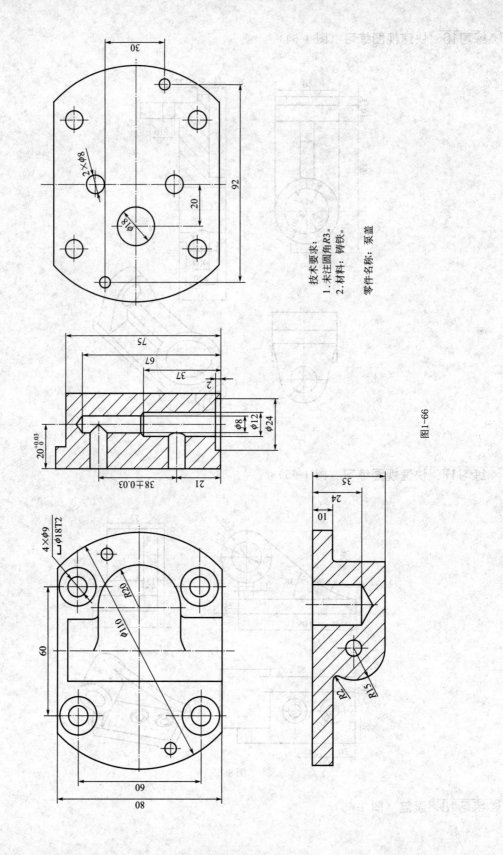

技术要求：
1. 未注圆角R3。
2. 材料：铸铁。

零件名称：泵盖

图1-66

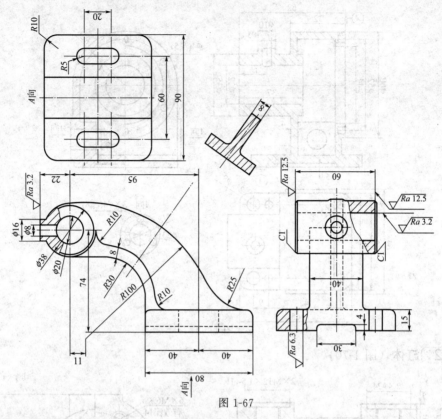

图 1-67

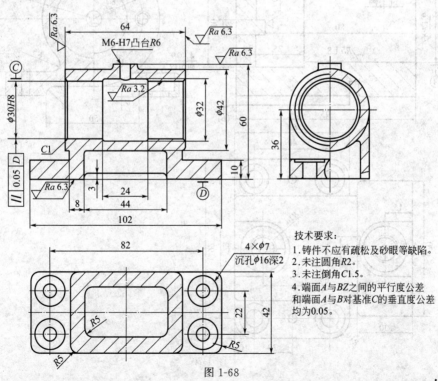

技术要求：
1. 铸件不应有疏松及砂眼等缺陷。
2. 未注圆角R2。
3. 未注倒角C1.5。
4. 端面A与BZ之间的平行度公差和端面A与B对基准C的垂直度公差均为0.05。

图 1-68

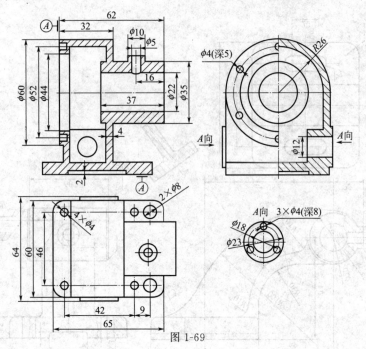

图 1-69

练习22 缸体（图 1-70）

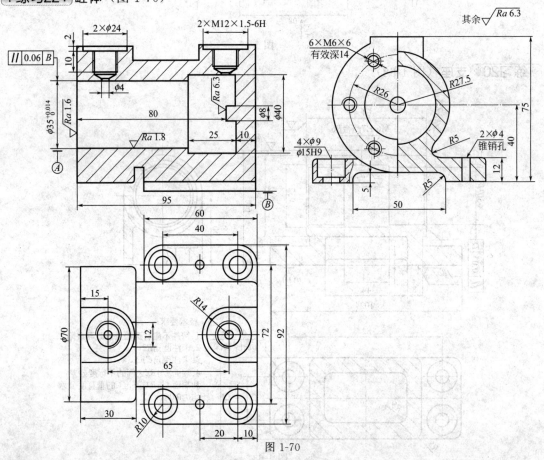

图 1-70

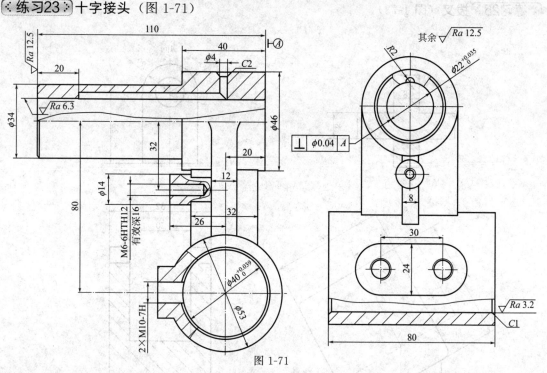

图 1-71

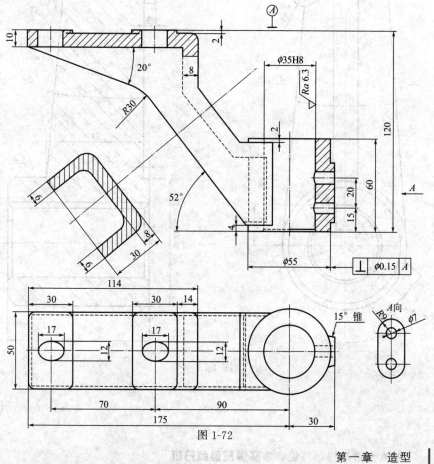

图 1-72

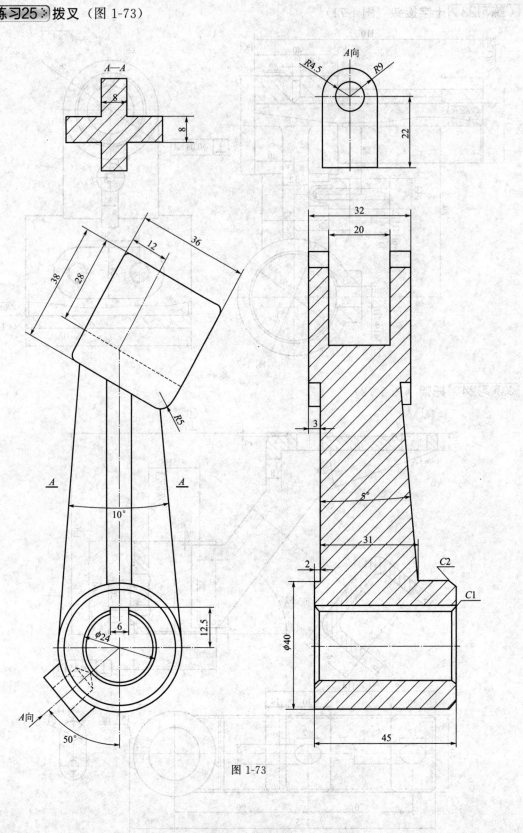

图 1-73

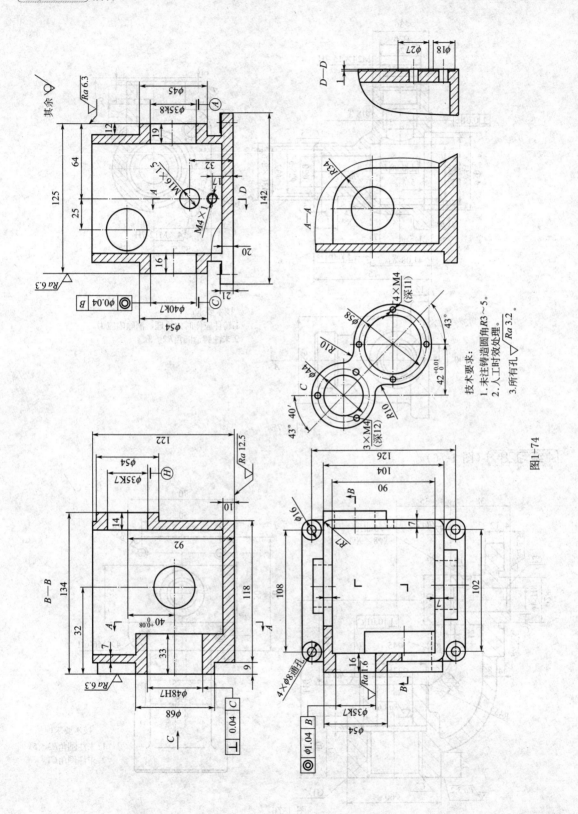

技术要求：
1. 未注铸造圆角 R3~5。
2. 人工时效处理。
3. 所有孔 $\sqrt{Ra\ 3.2}$。

图1-74

练习27 阀体（图 1-75）

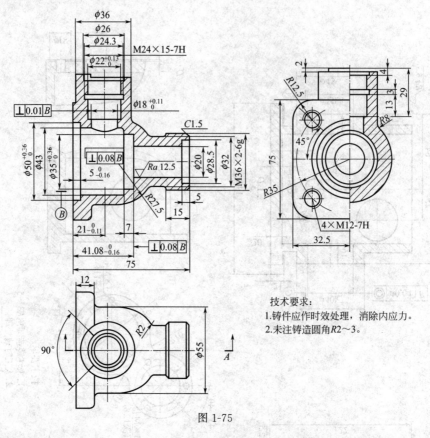

技术要求：
1.铸件应作时效处理，消除内应力。
2.未注铸造圆角R2～3。

图 1-75

练习28 （图 1-76）

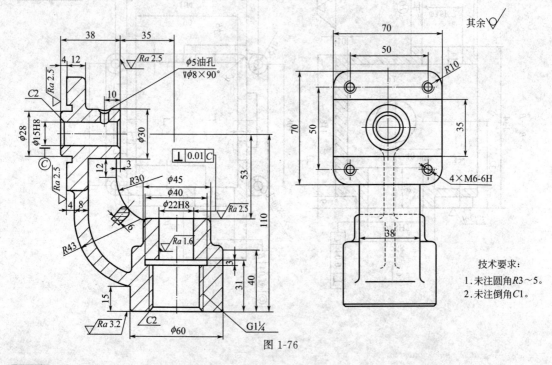

技术要求：
1.未注圆角R3～5。
2.未注倒角C1。

图 1-76

CAXA 制造工程师技能训练**实例及要点分析**

练习29（图 1-77）

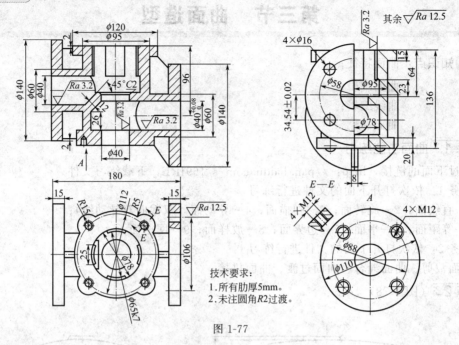

技术要求:
1. 所有肋厚5mm。
2. 未注圆角R2过渡。

图 1-77

练习30（表 1-12）

表 1-12

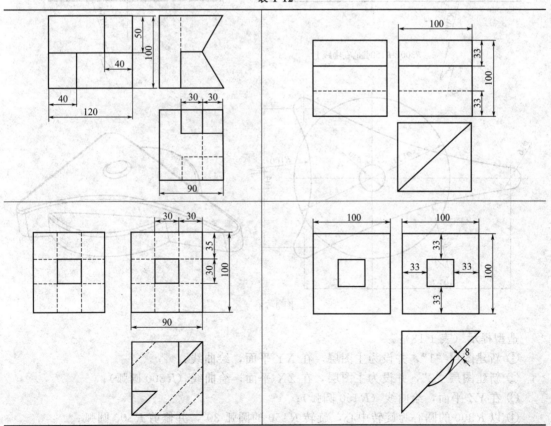

第三节　曲面造型

👁知识点：曲面特征；

　　　　　曲面编辑；

　　　　　曲线编辑；

　　　　　曲面。

〔·训练 1·〕曲面功能练习

通过下面的链接，http：//pan.baidu.com/s/169IRE，下载练习文件。

任务 1：依次打开下面的文件进行练习

1—直纹面；2—旋转面；3—扫描面；4—导动面（双截面双导动线）；

5—等距面；6—平面；7—边界面；8—放样面；9—网格面。

任务 2：依次打开下面的文件进行练习

曲面裁剪、曲面缝合、曲面过渡、曲面拼接。

〔·训练 2·〕（图 1-78）

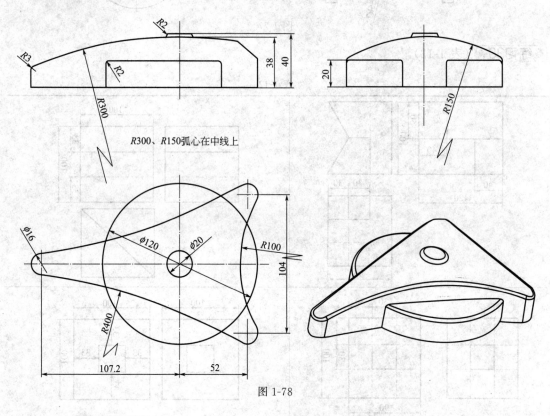

R300、R150弧心在中线上

图 1-78

造型提示（表 1-13）：

① 新建图层"1"，并设为主图层，在 XY 平面，绘曲线；

② 新建图层"2"，并设为主图层，在 ZX 平面，绘曲线（R300 圆弧）；

③ 在 YZ 平面，绘曲线（R150 圆弧）；

④ 以 R300 的圆心为旋转中心，旋转 R150 的圆弧 30°，并修剪 R300 圆弧；

⑤ 新建图层 "81"，并设为主图层，生成导动面；

⑥ 沿 Z 轴正方向平移导动面 "$Z38$"；

⑦ 设置图层 "1" 为主图层，在 XY 平面，绘草图 0；

⑧ 拉伸增料：草图 0，单向，50；

⑨ 用图层 "81" 中的导动面修剪实体，注意保留方向；

⑩ 在 XY 平面，绘草图 1；

⑪ 拉伸增料：草图 1，固定深度，20；

⑫ 在 XY 平面，绘草图 2；

⑬ 拉伸增料：草图 2，固定深度，40；

⑭ $R3$、$R2$ 过渡。

表 1-13

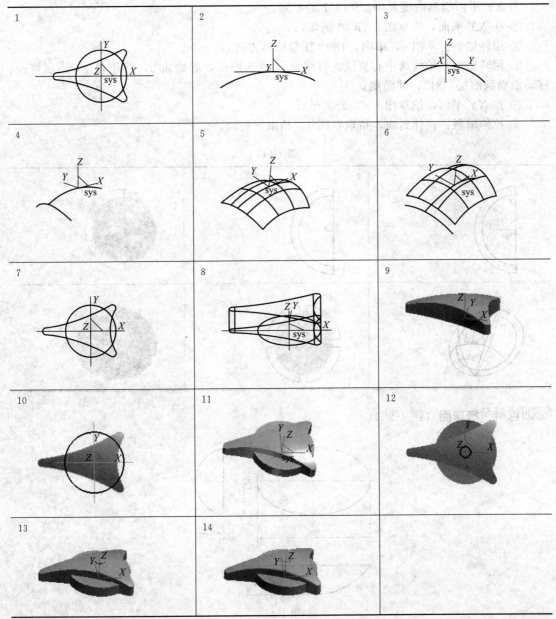

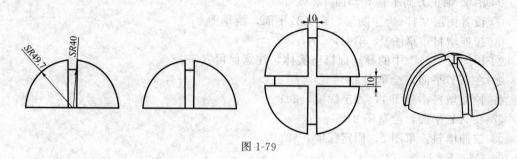

图 1-79

造型过程参考（表 1-14）：

① XY 平面绘制曲线 R40、R49.7 的半圆；

② 在 XY 平面，绘草图 0（R40 圆弧）；

③ 回转增料：草图 0，单向，180（注意回转方向）；

④ 回转曲面：轴线选中心直线，母线选 R49.5 圆弧，起始角 0，终止角 180，层修改：移动曲面到图层"81"，并隐藏；

⑤ 在 XY 平面，绘草图 1（4 个扇形）；

⑥ 拉伸增料：拉伸到面，拾取草图 1，拾取回转面。

表 1-14

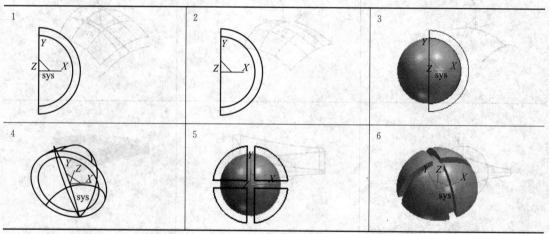

《 训练 4 》椭球面（图 1-80）

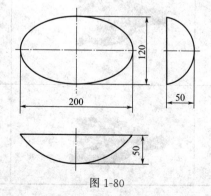

图 1-80

造型过程参考（表 1-15）：

① 在 XY 平面绘制长半轴 100、短半轴 60 的椭圆，在 A、B、C、D 点打断椭圆，并重新组合成 4 条线段；

② 在 ZX 平面绘制圆弧（过 3 点）；

③ 在 YZ 平面绘制圆弧（过 3 点）；

④ 依次拾取 3 条 U 线段、3 条 V 线段，生成网格面。

表 1-15

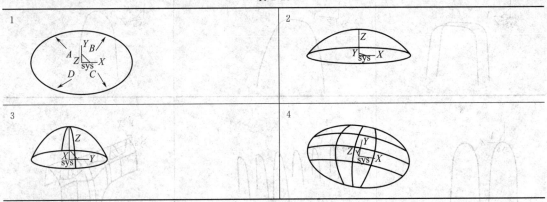

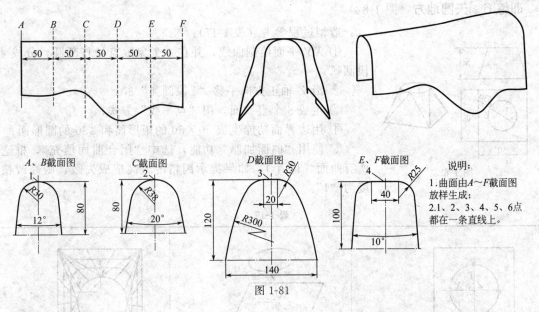

《 训练 5 》（图 1-81）

图 1-81

说明：
1. 曲面由 A～F 截面图放样生成；
2.1、2、3、4、5、6 点都在一条直线上。

造型过程参考（表 1-16）：

① XY 平面绘制曲线 1（截图 F），并组合曲线（删除旧曲线），平移：拷贝曲线 1 至 Z200，平移：移动曲线 1 至 Z250；

② XY 平面绘制曲线 2（截图 D），并组合曲线（删除旧曲线），平移：移动曲线 2 至 Z150；

③ XY 平面绘制曲线 3（截图 C），并组合曲线（删除旧曲线），平移：移动曲线 2 至 Z100；

④ XY 平面绘制曲线 1（截图 A），并组合曲线（删除旧曲线），平移：拷贝曲线 1 至 Z50；

⑤ 依次选择各截面线，生成放样面，提示：各组曲线要分层放置，可以简化屏幕，提高作图效率。

表 1-16

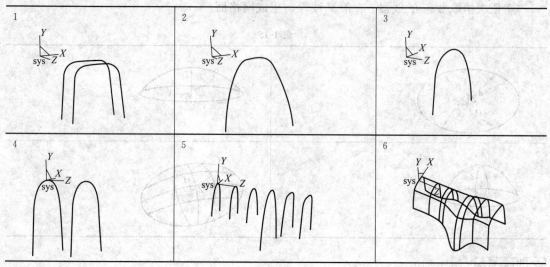

训练 6 天圆地方（图 1-82）

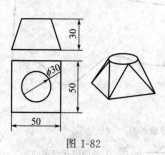

图 1-82

造型过程参考（表 1-17）：

① XY 平面绘制曲线，并在 4 个象限点处打断圆，分成 4 段圆弧；

② 沿 Z 轴正方向平移"4 段圆弧"30；

③ 生成 8 个直纹面，用"点＋线"方式；

④ 用边界面功能生成 50×50 的矩形面和 φ30 的圆形面；

⑤ 使用"曲面加厚"功能，选中"闭合曲面填充"，框选所有曲面（10 个），如果提示因精度太高造成失败，则修改精度为"1"。

表 1-17

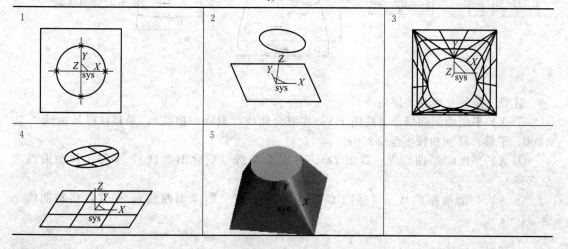

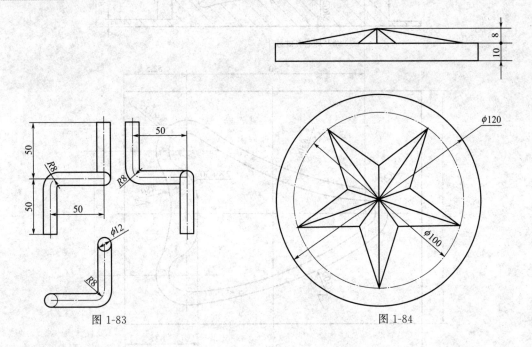

练习 1 （图 1-83）

练习 2 （图 1-84）

图 1-83

图 1-84

提示：

① 绘制 5 角星；

② 绘制高度为 8 的垂线；

③ 连接垂线端点和 5 角星的端点；

④ 生成一组直纹面（5 角星表面）；

⑤ 拉伸增料（Z 轴正方向 10），而后选所有直纹面修剪；

⑥ 拉伸增料（Z 轴负方向 10）。

练习 3 （图 1-85）

练习 4 （图 1-86）

造型过程参考（表 1-18）：

① XY 平面绘制曲线 $\phi 200$，绘制 0°、45°、90°、135°、180°、225°、270°、315°、360°线；

② 根据展开图，绘制直线 20、20、23、30、40、30、23、20、20；

③ 过 3 条 20 长直线的端点，绘制圆弧；

④ 过圆弧端点，分别绘制切线（过圆弧端点，和圆弧相切），用以控制样条线；

⑤ 过其他直线端点，绘制样条线，并用 2 条切线的端点控制切矢的方向；

⑥ 组合样条线和圆弧，并过组合线的端点绘制导动用直线，长度 40；

⑦ 生成导动面，选择"导动线 & 平面"，选择 Z 轴正方向，依次拾取组合线、40 长直线，注意：40 长直线的两个端点距离中心轴线的距离要分别小于 75、大于 110，保证能覆盖凸轮的轨道面；

⑧ 拉伸增料（导轨），并用曲面修剪；

⑨ 拉伸增料（底座）。

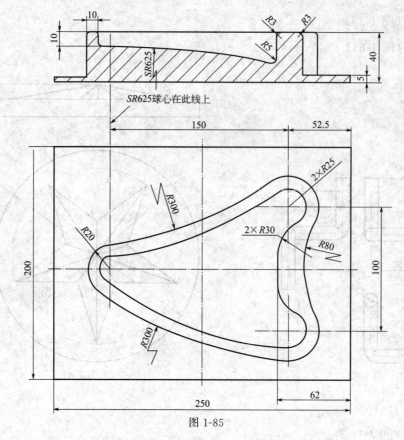

图 1-85

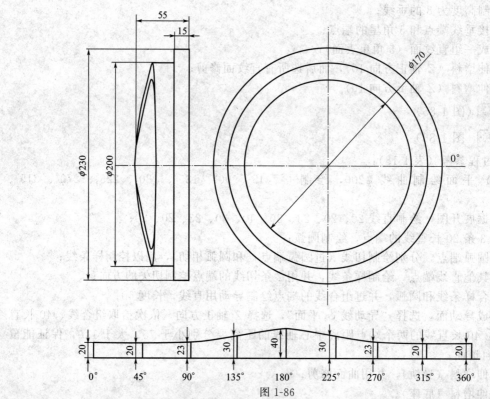

图 1-86

| CAXA 制造工程师技能训练**实例及要点分析**

表 1-18

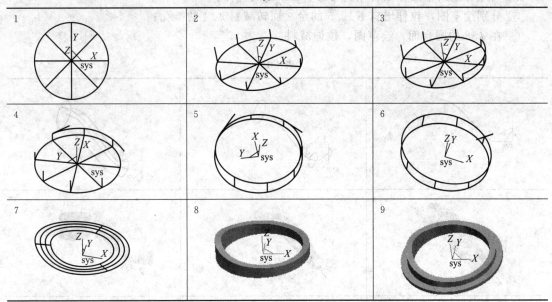

《 练习 5 》（图 1-87）

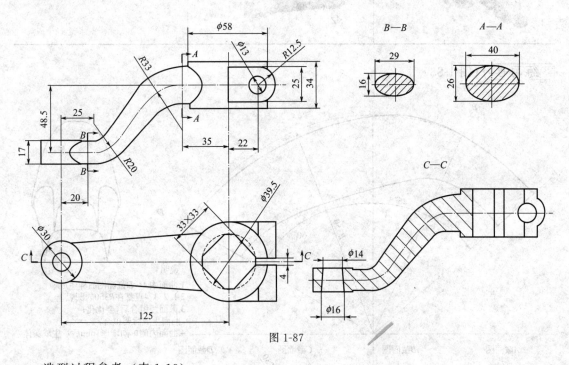

图 1-87

造型过程参考（表 1-19）：

① XY 平面绘制曲线 R33、R20 及连接线，并组合曲线；

② 绘制 A、B 截面线，并通过几何变换，移动至正确位置；

③ 生成导动面；

④ 用修剪或填充的方法，生成实体；

⑤ 两端分别绘草图，并拉伸增料 35、20；

⑥ 两端分别绘草图，回转增料 $\phi 30$、$\phi 58$ 的圆柱体；

⑦ 分别绘草图，拉伸增料 $R12.5$ 的台，回转减料 $\phi 14$ 的锥孔；

⑧ 在 $\phi 58$ 的圆台面，绘草图，拉伸减料。

表 1-19

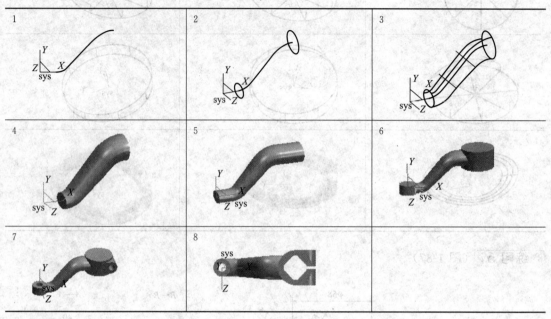

● 练习 6 ●（图 1-88）

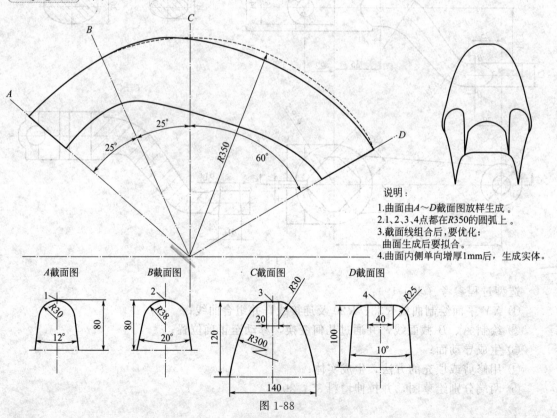

说明：

1. 曲面由 A～D 截面图放样生成。

2. 1、2、3、4 点都在 R350 的圆弧上。

3. 截面线组合后，要优化；
曲面生成后要拟合。

4. 曲面内侧单向增厚1mm后，生成实体。

图 1-88

提示：

① 在 XY 平面绘制 $A{\sim}D$ 截面图，并重新组合并优化；

② 1、2、3、4 点都在 $R350$ 的圆弧上；

③ 通过几何变换，把各截图移动到争取位置；

④ 依次选各截面线，生成放样面。

《 练习7 》（图 1-89）

提示：

① 绘螺旋线；

② 过螺旋线端点生成基准面，并在基准面绘制草图
（矩形线框）；

③ 用"导动线 & 平面"功能，生成曲面；

④ 封闭曲面；

⑤ 用"曲面加厚增料"功能，选择"闭合曲面填充"
选项，生成实体。

《 练习8 》（图 1-90）

提示：

① 绘草图（手机外轮廓）；

② 拉伸增料（带 5°锥）；

③ 生成导动面，裁剪手机顶面；

④ 抽壳，壁厚 2；

⑤ 绘制草图，30×20 窗口；

⑥ 拉伸减料，生成天窗。

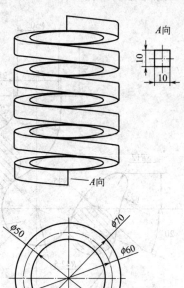

螺距10

图 1-89

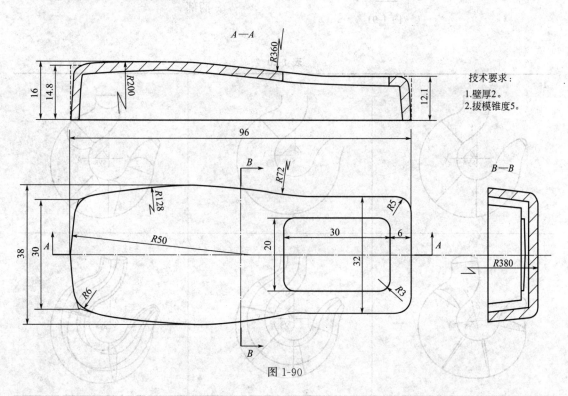

技术要求：

1.壁厚2。

2.拔模锥度5。

图 1-90

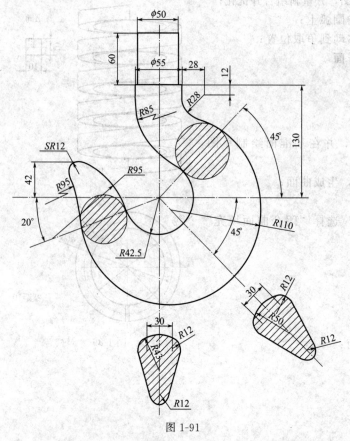

图 1-91

造型过程参考（表 1-20）：

① XY 平面绘外轮廓曲线，提示：轮廓绘图顺序 R42.5、R85、R95、SR12、R28、R110、R95；

② 隐藏 SR12 圆弧及各截面直线，组合 2 条轮廓曲线；

③ 绘制 6 个截面图（只画一半），并组合曲线；

④ 通过几何变换"旋转"，移动 6 个截面图至正确位置；

⑤ 生成网格面；

⑥ 镜像网格面；

⑦ 生成回转面（SR12 球面）；

⑧ 在 XY 平面绘草图 0（矩形框）；

⑨ 拉伸增料（双向 60），而后用曲面修剪除料；

⑩ 通过回转增料，添加吊钩柄部。

表 1-20

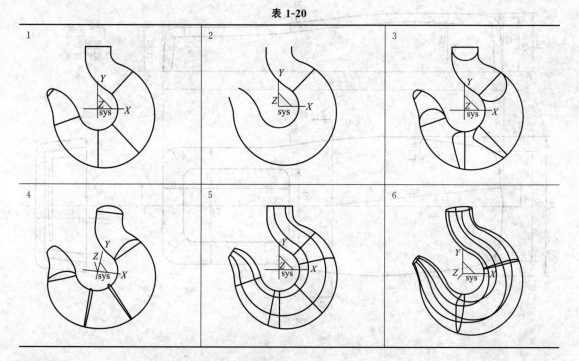

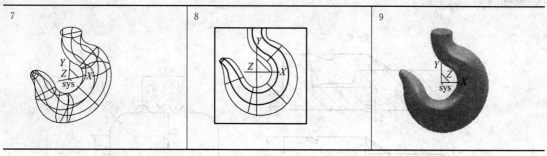

| 7 | 8 | 9 |

练习10 （图1-92）

技术说明:
1. 槽底曲面与凸台、侧壁以R3的圆弧过渡。
2. R1100圆弧的圆心在工件中心。
3. 平行与B—B截面的槽底圆弧半径均为R100。

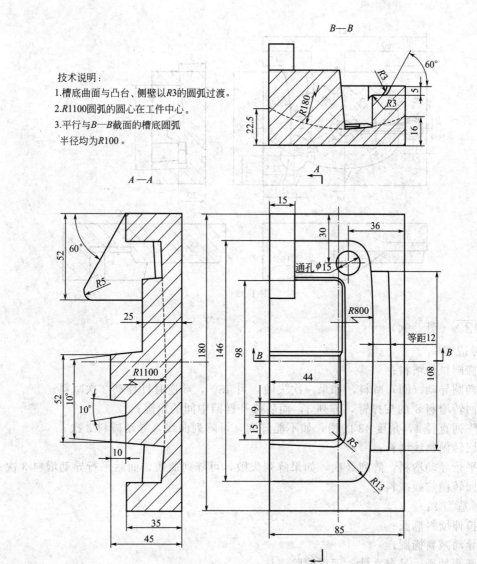

图1-92

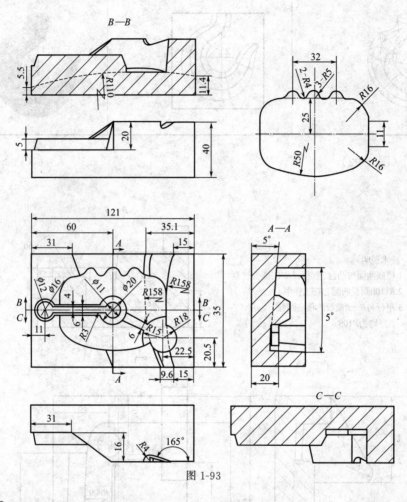

图 1-93

参考造型 1：

① 椭圆拉伸增料；

② 椭圆导动（圆）减料，如果一次失败，可 180°，顺逆时针导动 2 次减料；

③ 回转增料 8°的支撑臂，阵列 3，而后修补椭圆中间的窟窿；

④ 阵列直径 4，角度 43 的槽，如不能阵列，可阵列曲线，导动减料 3 次；

⑤ 回转抛物线增料；

⑥ 平行导动增料，阵列 3 次，如果阵列失败，可阵列曲线，而后平行导动增料 3 次；

⑦ 回转抛物线减料。

参考造型 2：

① 拉伸增料椭圆；

② 导动减料椭圆；

③ 椭圆抽壳，另存文件，而后删除壳体；

④ 回转增料抛物线；

⑤ 回转增料 8°的支撑臂；

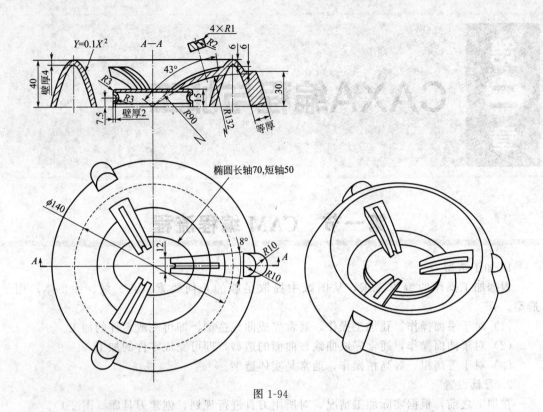

图 1-94

⑥ 导动减料 43°的圆槽；

⑦ 平行导动，增料 3 个外台；

⑧ 回转减料抛物线的等距线；

⑨ 布尔运算，加入前面的实体文件。

CAXA编程与加工

第一节　CAM 编程流程

1. 加工造型

根据加工操作的编程需求，从图纸中提取足够的几何要素（点、线、面、体）用于造型。

（1）对于平面操作、孔加工操作，通常完成曲线造型，即可完成零件的加工。

（2）对于曲面操作，通常完成曲线、曲面的造型，即可完成零件的加工。

（3）对于等高粗、等高精操作，通常是实体造型。

2. 刀具设置

在加工之前，根据实际加工情况，对所用刀具进行规划，创建刀具库（图 2-1）。

刀具库					增加	清空	导入	导出
共 3 把								
类型	名称	刀号	直径	刃长	全长	刀杆类型	刀杆直径	半径补偿号 长度补偿号
立铣刀	D16	1	16.000	50.000	80.000	圆柱	16.000	1　　　　1
立铣刀	D10	2	10.000	50.000	80.000	圆柱	10.000	2　　　　2
钻头	Z8	3	8.000	50.000	80.000	圆柱	8.000	3　　　　3

图 2-1

3. 设置工件坐标系

创建并激活工件坐标系，对于工件坐标系的选择，既要便于在对刀操作中完成，又能保证工件的加工精度。对于简单工件，通常在工件坐标系下直接进行造型，使工件坐标系、绝对坐标系、造型坐标系保持一致。

4. 毛坯设置

毛坯有两个作用：一是提供仿真依据；二是提供加工依据。

毛坯的形状要尽可能和实际毛坯一致。对于矩形和圆柱毛坯，一般直接设定即可，如果毛坯形状比较复杂，则可以事先完成毛坯的造型，而后调入系统。设定毛坯时，特别是从外部零件调入毛坯时，一定要保证世界坐标系一致。

5. 选择操作

根据加工需求，选择合适的操作，并填写必需的加工参数，最终生成加工轨迹。主要的加工参数包括以下几种。

（1）选择工件坐标系 G54（一般取默认值）。

（2）选择加工几何体。

对于轮廓、岛屿，通常选择二维曲线，对于曲面则选择曲面或实体，并在进退刀时，考虑进退刀点；

对于干涉几何体，通常用于限制刀具的加工范围，避免刀具和夹具、零件、机床等发生干涉。

（3）选择刀具。

（4）切削用量 S、F、切削深度。

（5）加工余量包括轮廓侧壁余量、轮廓底面余量、曲面余量。

（6）安全平面包括进、退刀平面，和安全转移平面。

（7）下刀方式刀具沿刀轴方向切入工件的方式。

　　　　垂直；

　　　　螺旋、螺旋半径要大于刀具半径；

　　　　倾斜；

　　　　圆弧切入（如 XZ 联动）。

（8）切入切出：刀具沿 XY 平面切入工件的方式，切入点的选择和拾取轮廓、岛屿的起始位置有关。

　　　　直线；

　　　　圆弧相切；

　　　　无（直接进刀）。

（9）半径补偿的应用方式：G41、G42、G40（3 种编程方式）。

第一种：轮廓编程，不考虑加工余量，在程序中使用刀具半径补偿的方式，来控制加工尺寸，半径补偿＝刀具半径＋加工余量；

第二种：偏离轮廓一个刀具半径编程，不考虑加工余量，在程序中使用刀具半径补偿的方式，来控制加工尺寸，半径补偿＝加工余量；

第三种：直接编程，不需要刀具半径补偿，通过加工余量参数，来控制加工尺寸。

6. 后处理（生成 G 代码格的格式）

（1）程序头处理，行号。

（2）刀具参数处理。

（3）刀具说明：加工中心用 M06T1，数控铣用（D6）。

第二节　平面加工

相关操作：平面轮廓精加工；

　　　　　平面区域粗加工；

　　　　　孔加工。

〔训练 1〕完成如图 2-2 所示零件的加工，毛坯 ϕ50mm×14mm，材料 45 钢，数量 30 件。

知识点：掌握"平面轮廓精加工"操作的下列参数。

（1）刀具参数：刀具号、刀具长度补偿号、刀具半径补偿号。

（2）切削用量：主轴转速、切削速度、下刀速度。

（3）几何：加工轮廓，及偏移类型（on 、to、past）；进刀点、退刀点。

（4）加工参数：拔模斜度，用于带拔模角度零件的分层加

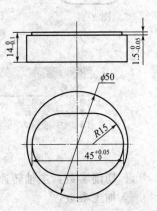

图 2-2

工；沿刀轴（Z 轴）方向的加工范围；每层切削深度；顺逆铣削方式，对应偏移方向（左偏、右偏）；刀次及行距，用于铸造零件的粗、精加工；加工余量；刀具半径补偿的应用方式。

（5）下刀方式（刀具沿 Z 轴切入工件的方式）：安全高度、慢速下刀距离；垂直下刀，进刀点的选择与下刀速度；螺旋下刀，半径与节距的关系；倾斜下刀，长度与节距、角度的关系；渐切下刀，长度与层深的关系。

（6）接近返回（刀具在切削平面接近轮廓的方式）：不设定；直线；圆弧；强制。

参考编程过程：

（1）分析图纸、查验毛坯，确定加工内容。而后确定装夹方案、刀具表，制定工艺过程卡（表 2-1 和表 2-2）。

表 2-1

工步	操作名称	加工内容	刀具	加工余量		装夹方案
				侧壁	底面	
1	1—平面轮廓精加工	粗铣轮廓1	T1	0.3	0.1	三爪卡盘
2	2—平面轮廓精加工	精铣轮廓1 保证尺寸 45、1.5	T2	0	0	

表 2-2

刀号	规格	加工用途	切削参数		
			主轴转速 S /(r/min)	最大切深 Z /mm	进给速度 F /(mm/min)
T1	$\phi 10$ HSS3 齿立铣刀	粗加工	800	3	80
T2	$\phi 10$ HSS3 齿立铣刀	精加工	800	10	80

提示： 对于单件生产，可采用同一把 $\phi 10$ 铣刀，完成零件的粗精加工。

（2）加工造型（图 2-3）。

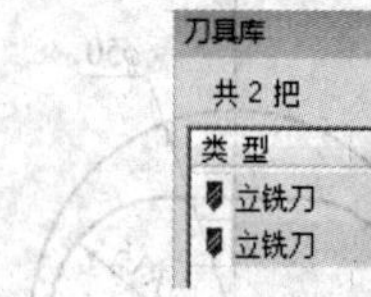

图 2-3

提示： 造型内容能满足加工需要即可。

（3）设置毛坯：$\phi 50\text{mm} \times 14\text{mm}$ 的圆柱。

（4）创建刀库（图 2-4）。

（5）设置加工零点：工件上表面中心点，见图 2-3。

（6）工步 1：创建"1—平面轮廓精操作"，参数设置如下。

① 选择刀具：T1。

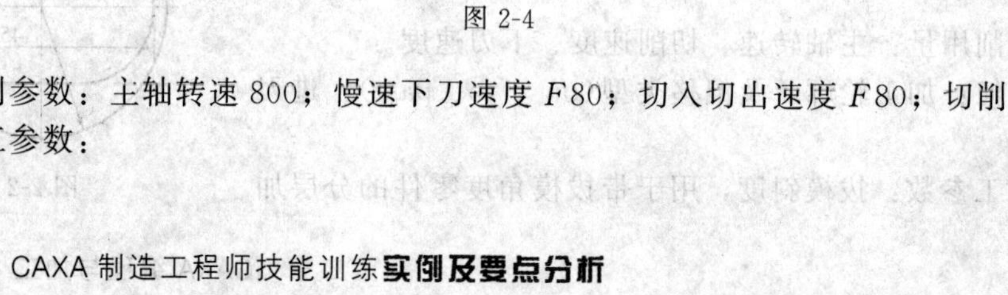

类型	名称	刀号	直径	刃长	全长	刀杆类型	刀杆直径	半径补偿号	长度补偿号
立铣刀	T1	1	10.000	50.000	80.000	圆柱	10.000	1	1
立铣刀	T2	2	10.000	50.000	80.000	圆柱	10.000	2	2

刀具库 共 2 把 　　增加　清空　导入　导出

图 2-4

② 切削参数：主轴转速 800；慢速下刀速度 $F80$；切入切出速度 $F80$；切削速度 $F80$。

③ 加工参数：

| 顶层高度:0;
底层高度:-1.4（留0.1加工余量）;
每层切深:3;
加工余量:0.3;
切入切出:圆滑切入,圆弧切出（圆弧半径R10）; | 下刀方式:垂直;
安全平面:100;
慢速切入距离:5
铣削方式:顺铣,对应的加工参数为"偏移方式:左偏";
半径补偿方式:不使用。 |

④ 加工轨迹如图 2-5 所示。

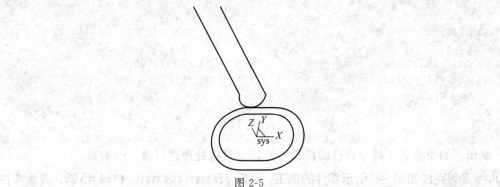

图 2-5

提示：注意进刀点的位置，尽可能在毛坯的外侧下刀。

（7）工步 2：创建"2—平面轮廓精操作"。

① 加工参数：

| 顶层高度:0;
底层高度:-1.5;
加工余量:0。 |

② 其他参数同"1—平面轮廓精操作"。

（8）后处理：选择 FANUC 系统，生成程序 O1。

① 对于数控铣床，后处理程序如下。

```
%                                        (T2)
O1                                       G90 G54 G0 X-15.5 Y28. S800 M03
(T1)                                     G43 H2 Z100. M08
G90 G54 G0 X-15.5 Y28.3 S800 M03         Z3.5
G43 H1 Z100. M08                         G1 Z-1.5 F80
Z3.6                                     G17 G3 X-7.5 Y20. I8. J0.
G1 Z-1.4 F80                             G1 X7.5
G17 G3 X-7.5 Y20.3 I8. J0.               G2 Y-20. I0. J-20.
G1 X7.5                                  G1 X-7.5
G2 Y-20.3 I0. J-20.3                     G2 Y20. I0. J20.
G1 X-7.5                                 G3 X0.5 Y28. I0. J8.
G2 Y20.3 I0. J20.3                       G1 Z8.5 F2000
G3 X0.5 Y28.3 I0. J8.                    G0 Z100.
G1 Z8.6 F2000                            M05
G0 Z100.                                 M30
M05                                      %
M00
```

② 对于加工中心机床，后处理程序如下。

```
%                                      T2 M6
O1                                     G90 G54 G0 X-15. 5 Y28. S800 M03
T1 M6                                  G43 H2 Z100. M08
G90 G54 G0 X-15. 5 Y28. 3 S800 M03     Z3. 5
G43 H1 Z100. M08                       G1 Z-1. 5 F80
Z3. 6                                  G17 G3 X-7. 5 Y20. I8. J0.
G1 Z-1. 4 F80                          G1 X7. 5
G17 G3 X-7. 5 Y20. 3 I8. J0.           G2 Y-20. I0. J-20.
G1 X7. 5                               G1 X-7. 5
G2 Y-20. 3 I0. J-20. 3                 G2 Y20. I0. J20.
G1 X-7. 5                              G3 X0. 5 Y28. I0. J8.
G2 Y20. 3 I0. J20. 3                   G1 Z8. 5 F2000
G3 X0. 5 Y28. 3 I0. J8.                G0 Z100.
G1 Z8. 6 F2000                         M05
G0 Z100.                               M30
M05                                    %
```

提示：如果格式不符合自己的操作习惯，可对后处理进行适当的编辑。

⟪ 训练 2 ⟫ 完成如图 2-6 所示零件的加工，毛坯 φ50mm×30mm，材料 45 钢，数量 1 件。

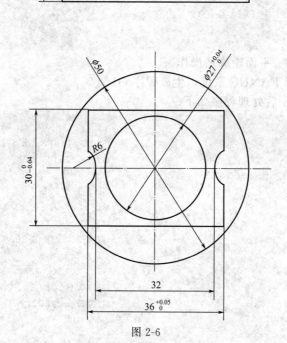

图 2-6

参考编程过程：

(1) 分析图纸、查验毛坯，确定加工内容。而后确定装夹方案、刀具表，制定工艺过程卡（表 2-3 和表 2-4）。

表 2-3

工步	操作名称	加工内容	刀具	加工余量		装夹方案
				侧壁	底面	
1	1—平面轮廓精加工	粗铣轮廓 1	T1	0.3	0	三爪卡盘
		精铣轮廓 1 保证尺寸 45、1.5	T1	0.3	0	
2	2—平面轮廓精加工	精铣轮廓 2	T1	0	0	
		精铣轮廓 1 保证尺寸 45、1.5	T1	0	0	

表 2-4

刀号	规格	加工用途	切削参数		
			主轴转速 S /(r/min)	最大切深 Z /mm	进给速度 F /(mm/min)
T1	ϕ10 HSS3 齿立铣刀	粗、精加工	800	5	50

（2）加工造型（图 2-7）。

（3）设置毛坯：ϕ50mm×30mm 的圆柱。

（4）创建刀库（略）。

（5）设置加工零点：工件上表面中心点。

（6）工步 1：创建"1—平面轮廓精操作"，参数设置如下。

① 选择刀具：T1。

② 切削参数：主轴转速　　　　800；
　　　　　　　慢速下刀速度 F50；
　　　　　　　切入切出速度 F50；
　　　　　　　切削速度　　　F50。

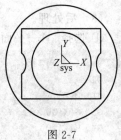

图 2-7

③ 加工参数：

顶层高度：0；
底层高度：−4；
每层切深：5；
加工余量：0；
切入切出：圆滑切入，圆弧半径"R8"，圆弧延长量"3"，圆弧切出，圆弧半径"R8"，圆弧延长量"3"；

下刀方式：垂直；
安全平面：100；
慢速切入距离：5；
铣削方式：顺铣，对应的加工参数为"偏移方式：左偏"。

④ 半径补偿方式：使用；

其他选项：选中添加刀具补偿代码（G41/G42）。

⑤ 加工轨迹（图 2-8）。

（7）工步 2：创建"2—平面轮廓精操作"，参数设置如下。

① 选择刀具：T1。

② 切削参数：主轴转速　　　　800；
　　　　　　　慢速下刀速度　 F50；
　　　　　　　切入切出速度　 F50；
　　　　　　　切削速度　　　　F50。

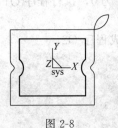

图 2-8

③ 加工参数：

顶层高度：0；	下刀方式：垂直；
底层高度：-2；	安全平面：100；
每层切深：5；	慢速切入距离：5；
加工余量：0；	铣削方式：顺铣，对应的加工参数为"偏移方
切入切出：圆滑切入，圆弧半径"R8"，圆弧延长	式：左偏"。
量"3"，圆弧切出，圆弧半径"R8"，圆	
弧延长量"3"；	

④ 半径补偿方式：使用；

其他选项：选中添加刀具补偿代码（G41/G42）。

⑤ 加工轨迹（图 2-9）。

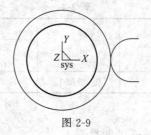

图 2-9

（8）后处理。

① 选择"1—平面轮廓精操作"，后处理选择"FANUC 系统"，生成程序 O1。

```
%                                    X-23.
O1                                   Y-4. 472
(T1 D10)                             G2 X-21.333 Y-0.745 I5. J0.
G90 G54 G0 X34. Y28. S800 M03        G3 Y0.745 I-0.667 J0.745
G43 H1 Z100.                         G2 X-23. Y4.472 I3.333 J3.727
M08                                  G1 Y20.
Z1.                                  X23.
G1 Z-4. F50                          G3 X31. Y28. I0. J8.
G41 D1 X31.                          G1 G40 Y31.
G17 G3 X23. Y20. I0. J-8.            Z6. F2000
G1 Y4. 472                           G0 Z100.
G2 X21.333 Y0.745 I-5. J0.           M05
G3 Y-0.745 I0.667 J-0.745            M30
G2 X23. Y-4.472 I-3.333 J-3.727      %
G1 Y-20.
```

粗加工轮廓 1：在数控铣床刀具补偿中，设置刀具半径补偿参数 D1 为 0.3，执行程序
　　　　　　O1，完成轮廓 1 的粗加工。

精加工轮廓 1：在数控铣床刀具补偿中，设置刀具半径补偿参数 D1 为 0，执行程序 O1，
　　　　　　完成轮廓 1 的精加工。

② 选择"2—平面轮廓精操作"，后处理选择"FANUC 系统"，生成程序 O2。

```
%                                    G43 H1 Z100.
O2                                   M08
(T1 D10)                             Z1.
G90 G54 G0 X29.5 Y8. S800 M03        G1 Z-2. F50
```

```
G41 D1 X26.5                         Z6. F2000
G17 G3 X18.5 Y0. I0. J-8.            G0 Z100.
G2 I-18.5 J0.                         M05
G3 X26.5 Y-8. I8. J0.                 M30
G1 G40 X29.5                          %
```

粗加工轮廓 2：在数控铣床刀具补偿中，设置刀具半径补偿参数 D1 为 0.3，执行程序
        O2，完成轮廓 2 的粗加工。

精加工轮廓 2：在数控铣床刀具补偿中，设置刀具半径补偿参数 D1 为 0，执行程序 O2，
        完成轮廓 2 的精加工。

⊙ 训练 3 ∘ 完成如图 2-10 所示零件的加工，毛坯 φ50mm×20mm，材料 45 钢，数量
1 件。

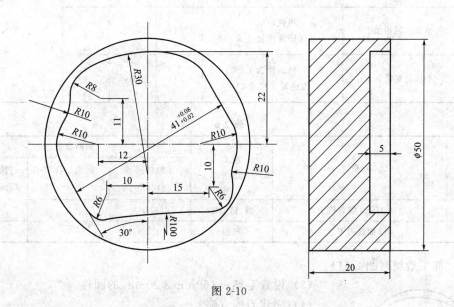

图 2-10

📖 知识点：掌握"平面区域粗加工"操作的下列参数。

（1）刀具参数：刀具号、刀具长度补偿号、刀具半径补偿号。

（2）切削用量：主轴转速、切削速度、下刀速度。

（3）几何：加工轮廓，及刀具补偿类型（on、to、past）；
        岛屿。

（4）加工参数：走刀方式，环切加工，平行加工。

沿刀轴（z 轴）方向的加工范围；   刀具半径补偿的应用方式；
每层切削深度；   清根，轮廓清根与岛屿清根。对于平行加工方
环切及平行加工的行距；   式，通常要进行清根操作，保证精加工时轮廓的余
轮廓及岛屿的加工余量；   量均匀。而环切加工通常不用清根。

（5）下刀方式（刀具沿 Z 轴切入工件的方式）：
        安全高度、慢速下刀距离；
        垂直下刀，进刀点的选择与下刀速度；
        螺旋下刀，半径与节距的关系；

倾斜下刀，长度与节距、角度的关系；

渐切下刀，长度与层深的关系。

（6）接近返回（刀具在切削平面接近轮廓的方式）：不设定；直线；圆弧；强制。

参考编程过程：

（1）分析图纸、查验毛坯，确定加工内容。而后确定装夹方案、刀具表，制定工艺过程卡（表2-5和表2-6）。

表2-5

工步	操作名称	加工内容	刀具	加工余量		装夹方案
				侧壁	底面	
1	1—平面区域粗加工	铣削平面 保证零件厚度20				
2	2—平面区域粗加工	粗铣轮廓1 保证深度尺寸5	T1	0.3	0	三爪卡盘
3	3—平面轮廓精加工	精铣轮廓1 保证轮廓尺寸41	T1	0	0	

表2-6

刀号	规格	加工用途	切削参数		
			主轴转速 S /(r/min)	最大切深 Z /mm	进给速度 F /(mm/min)
T1	φ10 HSS3齿立铣刀	粗、精加工	800	5	80
T2	φ80面铣刀6齿	铣面	1200	1	300

（2）加工造型（图2-11）。

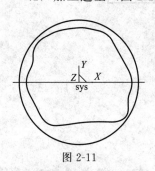

图2-11

（3）设置毛坯：φ50mm×20mm的圆柱。

（4）创建刀库（略）。

（5）设置加工零点：工件上表面中心点。

（6）工步1：创建"1—平面区域粗加工"操作，参数设置如下。

① 选择刀具：T2。

② 切削参数：主轴转速　　　　1200；

　　　　　　　慢速下刀速度　F300；

　　　　　　　切入切出速度　F300；

　　　　　　　切削速度　　　F300。

③ 加工参数：

顶层高度：1；
底层高度：0；
每层切深：3；
加工余量：0；
刀轴偏移类型：on；
切入切出：直线切入，长度"40"（切入长度要大于刀具半径），切出方式不设定；

下刀方式：垂直；
安全平面：100；
慢速切入距离：5；
轮廓：拾取水平直线。

④ 轮廓加工轨迹（图 2-12）。

（7）工步 2：创建"2—平面区域粗加工"，参数设置如下。

① 选择刀具：T1。

② 切削参数：主轴转速　　　　800；

　　　　　　　慢速下刀速度　　F80；

　　　　　　　切入切出速度　　F80；

　　　　　　　切削速度　　　　F80。

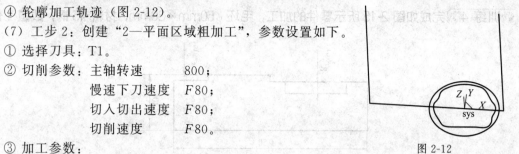

图 2-12

③ 加工参数：

顶层高度：0；	清根切入方式为"圆滑切入"，圆弧半径"R5"，
底层高度：-5；	圆弧延长量"3"，清根切出方式为"圆弧切出"，圆弧
每层切深：2.5；	半径"R5"，圆弧延长量"3"；
加工余量：0.3；	下刀方式：螺旋；
走刀方式：平行加工，行距"8"；	安全平面：100；
切入切出：轮廓接近方式为"强制"，并选择合	慢速切入距离：5；
适的下刀点，	铣削方式：顺铣。
轮廓返回方式为"不设定"，	

④ 半径补偿方式：不使用。

⑤ 加工轨迹（图 2-13）。

（8）工步 3：创建"3—平面轮廓精加工"，参数设置如下。

① 选择刀具：T1。

② 切削参数：主轴转速　　　　800；

　　　　　　　慢速下刀速度　　F80；

　　　　　　　切入切出速度　　F80；

　　　　　　　切削速度　　　　F80。

③ 加工参数：

顶层高度：0；	量"3"，圆弧切出，圆弧半径"R3"，圆弧延长量"3"；
底层高度：-5；	下刀方式：垂直；
每层切深：5；	安全平面：100；
加工余量：0.3；	慢速切入距离：5；
切入切出：圆滑切入，圆弧半径"R3"，圆弧延长	铣削方式：顺铣。

④ 半径补偿方式：使用；

其他选项：选中添加刀具补偿代码（G41/G42）。在实际加工中，当刀具磨损或刀具尺寸有误差时，可以通过调整刀具半径补偿值，来调整轮廓尺寸的加工精度。

⑤ 加工轨迹如图 2-14 所示（注意拾取轮廓的起始点，即刀具切入轮廓的点）。

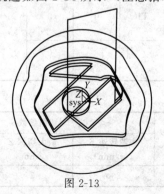

图 2-13

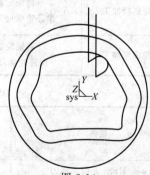

图 2-14

$(\overline{\text{训练 }4})$ 完成如图 2-15 所示零件的加工，毛坯 ϕ50mm×30mm，材料 45 钢，数量 1 件。

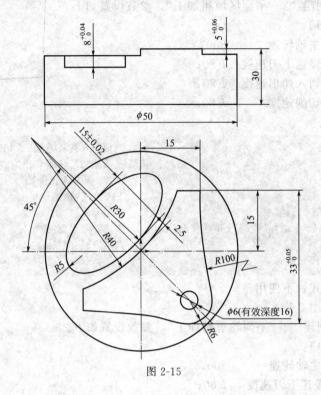

图 2-15

参考编程过程：

（1）分析图纸、查验毛坯，确定加工内容。而后确定装夹方案、刀具表、制定工艺过程卡（表 2-7 和表 2-8）。

表 2-7

工步	操作名称	加工内容	刀具	加工余量		装夹方案
				侧壁	底面	
1	1—平面区域粗加工	粗铣轮廓 1 保证深度尺寸 5	T1	0.3	0	
2	2—平面轮廓精加工	粗铣轮廓 1 保证深度尺寸 2	T1	0.3	0	三爪卡盘
3	3—平面轮廓精加工	精铣轮廓 1 保证轮廓尺寸 15、12	T1	0	0	
4	4—平面轮廓精加工	粗铣轮廓 1 保证轮廓尺寸 15	T1	0	0	

表 2-8

刀号	规格	加工用途	切削参数		
			主轴转速 S /(r/min)	最大切深 Z /mm	进给速度 F /(mm/min)
T1	ϕ10 HSS 3 齿立铣刀	粗、精加工	800	3	80

(2) 加工造型（图 2-16）。

(3) 设置毛坯：$\phi50mm×30mm$ 的圆柱。

(4) 创建刀库（略）。

(5) 设置加工零点：工件上表面中心点。

(6) 工步 1：创建"1—平面区域粗加工"，参数设置如下。

① 选择刀具：T1。

② 切削参数：主轴转速   800；

      慢速下刀速度 F80；

      切入切出速度 F80；

      切削速度   F80。

图 2-16

③ 加工参数：

顶层高度：0；

底层高度：-5；

每层切深：5；

加工余量：0.3；

走刀方式：平行加工，行距"8"；

切入切出：轮廓接近方式为"强制"，并选择合适的下刀点，轮廓返回方式为"不设定"，清根切入方式为"圆滑切入"，圆弧半径"R5"，圆弧延长量"3"，清根切出方式为"圆弧切出"，圆弧半径"R5"，

圆弧延长量"3"；

 下刀方式：垂直；

 安全平面：100；

 慢速切入距离：5；

 铣削方式：顺铣；

 轮廓参数：补偿"past"，轮廓拾取"直径 50 的圆"；

 岛参数：补偿"to"，岛屿拾取"轮廓 1"。

④ 加工轨迹（图 2-17）。

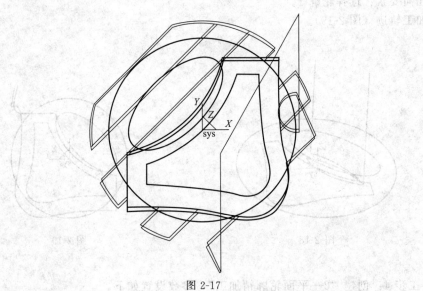

图 2-17

(7) 工步 2：创建"2—平面轮廓精加工"，参数设置如下。

① 选择刀具：T1。

② 切削参数：主轴转速   800；

      慢速下刀速度 F80；

      切入切出速度 F80；

      切削速度   F80。

③ 加工参数：

顶层高度：-5;	下刀方式：渐切,长度20;
底层高度：-12.8;	安全平面：100;
每层切深：3;	慢速切入距离：5;
加工余量：0.3;	铣削方式：顺铣。
切入切出：不设定;	

④ 几何要素：选择轮廓2。

⑤ 加工轨迹如图2-18所示（注意拾取轮廓的起始点，即刀具切入轮廓的点）。

（8）工步3：创建"2—平面轮廓精加工"，参数设置如下。

① 选择刀具：T1。

② 切削参数：主轴转速　　　　　　800;

　　　　　　慢速下刀速度　　　　*F*80;

　　　　　　切入切出速度　　　　*F*80;

　　　　　　切削速度　　　　　　*F*80。

③ 加工参数：

顶层高度：0;	下刀方式：垂直;
底层高度：-5;	安全平面：100;
每层切深：5;	慢速切入距离：5;
加工余量：0;	铣削方式：顺铣。
切入切出：圆弧切入,R8,圆弧切出,R8;	

④ 几何要素：选择轮廓1。

⑤ 加工轨迹（图2-19）。

图 2-18

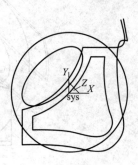

图 2-19

（9）工步4：创建"2—平面轮廓精加工"，参数设置如下。

① 选择刀具：T1。

② 切削参数：主轴转速　　　　　　800;

　　　　　　慢速下刀速度　　　　*F*80;

　　　　　　切入切出速度　　　　*F*80;

　　　　　　切削速度　　　　　　*F*80。

③ 加工参数：

顶层高度:-5;	下刀方式:垂直;
底层高度:-13;	安全平面:100;
每层切深:8;	慢速切入距离:5;
加工余量:0;	铣削方式:顺铣。
切入切出:圆弧切入,R3,圆弧切出,R3;	

④ 几何要素：选择轮廓 2 。为了方便圆弧切入，可以打断其中的一条 R30 圆弧，并从断点处切入。

⑤ 加工轨迹（图 2-20）。

图 2-20

`训练 5` 完成如图 2-21 所示零件的加工，毛坯 80mm × 60mm × 50mm，材料 45 钢，数量 1 件。

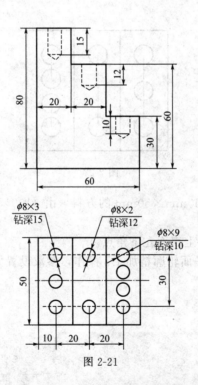

图 2-21

参考编程过程：

（1）分析图纸、查验毛坯，确定加工内容。而后确定装夹方案、刀具表，制定工艺过程卡（表 2-9 和表 2-10）。

表 2-9

工步	操作名称	加工内容	刀具	加工余量		装夹方案
				侧壁	底面	
1	1—平面轮廓精加工	粗铣阶台1(深度50)	T1	0.3	0	
2	2—平面轮廓精加工	粗铣阶台2(深度20)	T1	0.3	0	
3	3—平面轮廓精加工	精铣阶台1	T1	0	0	
4	4—平面轮廓精加工	精铣阶台2	T1	0	0	平口钳
5	5—孔加工	钻顶面ϕ8孔(3个)	T2			
6	6—孔加工	阶台1ϕ8孔(2个)	T2			
7	7—孔加工	阶台2ϕ8孔(4个)	T2			

表 2-10

刀号	规格	加工用途	切削参数		
			主轴转速 S /(r/min)	最大切深 Z /mm	进给速度 F /(mm/min)
T1	ϕ16 HSS,3齿立铣刀,刀刃长33	粗、精加工	450	5	60
T2	ϕ8 钻头	粗加工	1000	5	120

(2) 加工造型（图 2-22）。

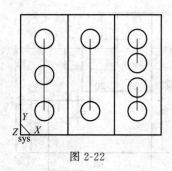

图 2-22

(3) 设置毛坯：80mm×60mm×50mm 的方料（由 ϕ100×50 的棒料铣削而成）。

(4) 创建刀库（略）。

(5) 设置加工零点：工件上表面左下角点。

(6) 工步 1：创建"1—平面轮廓精加工"操作，参数设置如下。

① 选择刀具：T1。

② 切削参数：（缺省）。

③ 加工参数：

顶层高度：0；
底层高度：-20；
每层切深：5；
刀次：4；
行距：10；
加工余量：0.3；

切入切出：圆滑切入，圆弧半径"R10"，圆弧切出，圆弧半径"R10"；
下刀方式：垂直；
安全平面：100；
慢速切入距离：5；
铣削方式：顺铣。

④ 加工轨迹（图 2-23）。

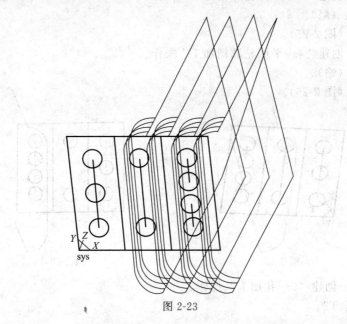

图 2-23

（7）工步 2：创建"2—平面轮廓精加工"操作，参数设置如下。

① 选择刀具：T1。

② 切削参数：（略）。

③ 加工参数：

顶层高度：-20；	切入切出：圆滑切入，圆弧半径"R10"，圆弧切
底层高度：-50；	出，圆弧半径"R10"；
每层切深：5；	下刀方式：垂直；
刀次：2；	安全平面：100；
行距：10；	慢速切入距离：5；
加工余量：0.3；	铣削方式：顺铣。

④ 加工轨迹（图 2-24）。

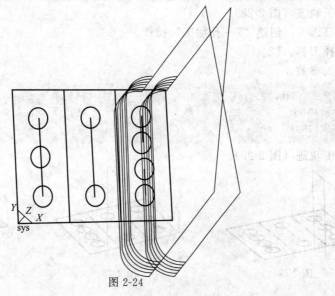

图 2-24

（8）工步 3：创建"3—平面轮廓精加工"操作。

① 加工参数：（略）。

② 加工轨迹（图 2-25）。

（9）工步 4：创建"4—平面轮廓精加工"操作。

① 加工参数（略）。

② 加工轨迹（图 2-26）。

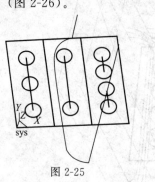

图 2-25

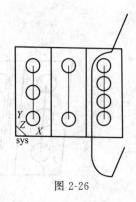

图 2-26

（10）工步 5：创建"5—孔加工"操作。

① 选择刀具：T2。

② 加工参数：

孔加工方式:钻孔(G81); 工件平面:0(工件坐标系 Z0 面); 安全高度:100;	钻孔深度:18(钻尖深度一般通过试钻来获得 实际值); 钻孔点:用鼠标依次拾取需要钻孔的位置点。

③ 加工轨迹（图 2-27）。

（11）工步 6：创建"6—孔加工"操作。

① 选择刀具：T2。

② 加工参数：

孔加工方式:钻孔(G81); 工件平面:-20; 安全高度:100;	钻孔深度:15; 钻孔点:用鼠标依次拾取需要钻孔的位置点。

③ 加工轨迹（图 2-28）

（12）工步 7：创建"7—孔加工"操作。

① 选择刀具：T2。

② 加工参数：

孔加工方式:钻孔(G81); 工件平面:-50; 安全高度:100;	钻孔深度:13; 钻孔点:用鼠标依次拾取需要钻孔的位置点。

③ 加工轨迹（图 2-29）。

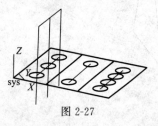

图 2-27

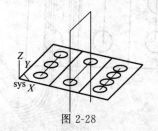

图 2-28

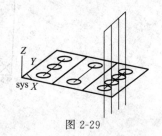

图 2-29

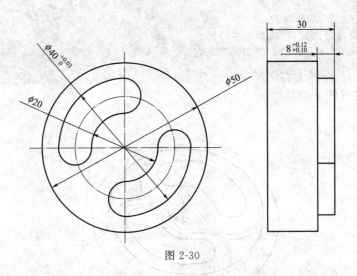

训练6 完成如图 2-30 所示零件的加工，毛坯 ϕ50mm×30mm，材料 45 钢，数量1件。

图 2-30

参考编程过程：

（1）分析图纸、查验毛坯，确定加工内容。而后确定装夹方案、刀具表，制定工艺过程卡（表 2-11 和表 2-12）。

表 2-11

工步	操作名称	加工内容	刀具	加工余量		装夹方案
				侧壁	底面	
1	1—平面区域粗加工	粗铣轮廓 1、轮廓 2	T1	0.3	0	
2	2—平面轮廓精加工	精铣轮廓 1	T1	0	0	三爪卡盘
3	3—平面轮廓精加工	精铣轮廓 2	T1	0	0	

表 2-12

刀号	规格	加工用途	切削参数		
			主轴转速 S /(r/min)	最大切深 Z /mm	进给速度 F /(mm/min)
T1	ϕ10 HSS,3 齿立铣刀	粗、精加工	800	3	80

（2）加工造型（图 2-31）。

（3）设置毛坯：ϕ50mm×30mm 的圆柱。

（4）创建刀库（略）。

（5）设置加工零点：工件上表面中心点。

（6）工步 1：创建"1—平面区域粗加工"操作，参数设置如下。

① 选择刀具：T1。

② 切削参数：（略）。

③ 加工参数：

图 2-31

顶层高度: 0;	下刀方式: 垂直;
底层高度: -8;	安全平面: 100;
每层切深: 4;	慢速切入距离: 5;
加工余量: 0.3;	铣削方式: 顺铣;
走刀方式: 环切加工, 从外向里;	轮廓参数: 补偿 "past", 轮廓拾取 "直径 50 的圆";
切入切出: 轮廓接近方式为 "强制", 并选择合适的下刀点, 轮廓返回方式为 "不设定", 轮廓、岛屿都选择 "不清根";	岛参数: 补偿 "to", 岛屿拾取 2 个扁圆台。

④ 加工轨迹（图 2-32）。

图 2-32

(7) 工步 2: 创建 "2—平面轮廓精加工" 操作, 参数设置如下。

① 选择刀具: T1。

② 切削参数 (略)。

③ 加工参数:

顶层高度: 0;	切入切出: 圆滑切入, 圆弧半径 "R10", 圆弧切出, 圆弧半径 "R10";
底层高度: -20;	下刀方式: 垂直;
每层切深: 5;	安全平面: 100;
刀次: 4;	慢速切入距离: 5;
行距: 10;	铣削方式: 顺铣。
加工余量: 0.3;	

④ 加工轨迹（图 2-33）。

(8) 工步 3: 旋转 "2—平面轮廓精加工" 操作。

① 选择 "平面旋转" 功能: 拾取旋转中心点, 拾取 "2—平面轮廓精加工" 操作的轨迹。

② 旋转后的轨迹（图 2-34）。

图 2-33

图 2-34

练习 1 完成如图 2-35 所示零件的加工，毛坯 φ50mm×30mm，材料 45 钢，数量 1 件。

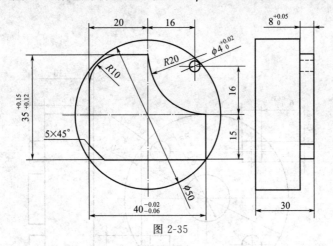

图 2-35

练习 2 完成如图 2-36 所示零件的加工，毛坯 φ50mm×30mm，材料 45 钢，数量 1 件。

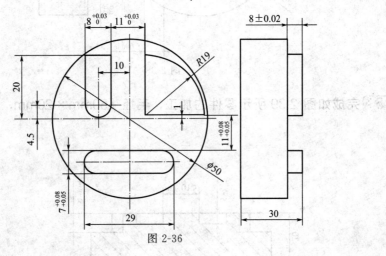

图 2-36

练习 3 完成如图 2-37 所示零件的加工，毛坯 φ50mm×30mm，材料 45 钢，数量 1 件。

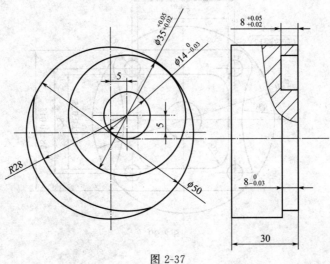

图 2-37

练习 4 完成如图 2-38 所示零件的加工，毛坯 $\phi50mm \times 30mm$，材料 45 钢，数量 1件。

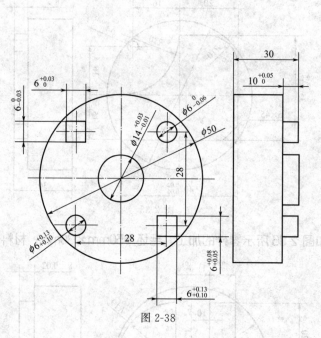

图 2-38

练习 5 完成如图 2-39 所示零件的加工，毛坯 $\phi50mm \times 20mm$，材料 45 钢，数量 1件。

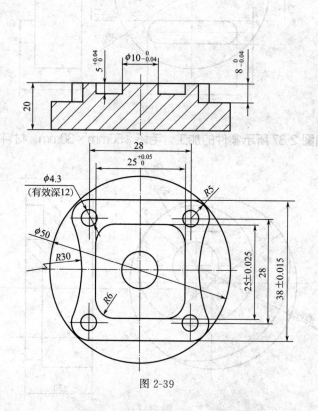

图 2-39

练习6 完成如图 2-40 所示零件的加工，毛坯 ϕ50mm×20mm，材料 45 钢，数量 1 件。

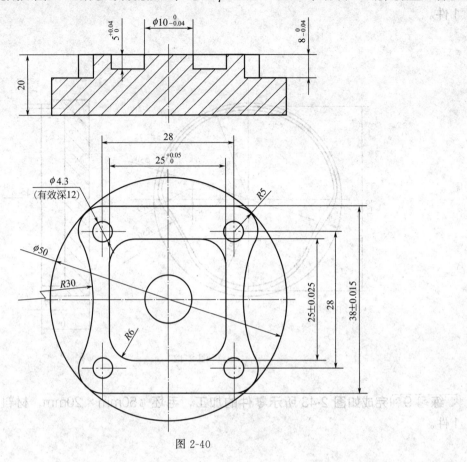

图 2-40

练习7 完成如图 2-41 所示零件的加工，毛坯 ϕ50mm×30mm，材料 45 钢，数量 1 件。

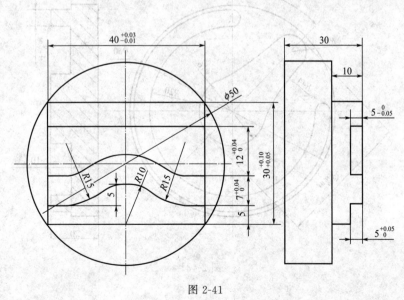

图 2-41

练习 8 完成如图 2-42 所示零件的加工，毛坯 $\phi 50mm \times 30mm$，材料 45 钢，数量 1 件。

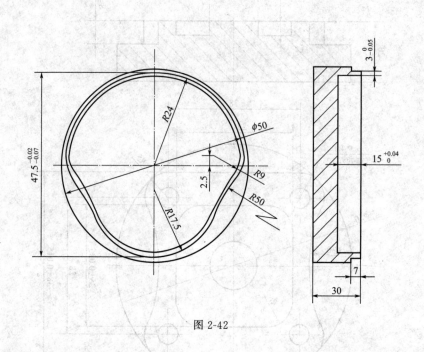

图 2-42

练习 9 完成如图 2-43 所示零件的加工，毛坯 $\phi 50mm \times 20mm$，材料 45 钢，数量 1 件。

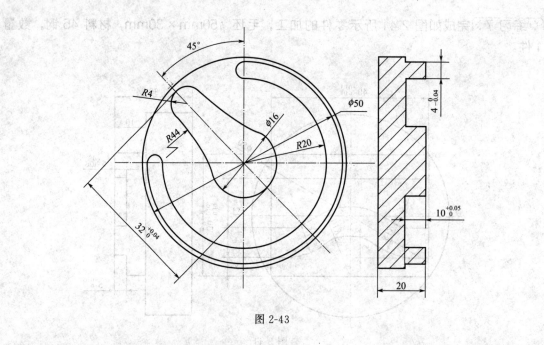

图 2-43

CAXA 制造工程师技能训练实例及要点分析

练习10 完成如图 2-44 所示零件的加工，毛坯 φ50mm × 20mm，材料 45 钢，数量 1 件。

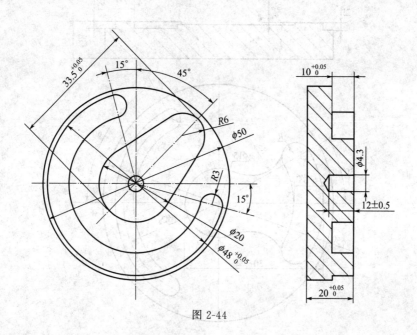

图 2-44

练习11 完成如图 2-45 所示零件的加工，毛坯 φ50mm × 20mm，材料 45 钢，数量 1 件。

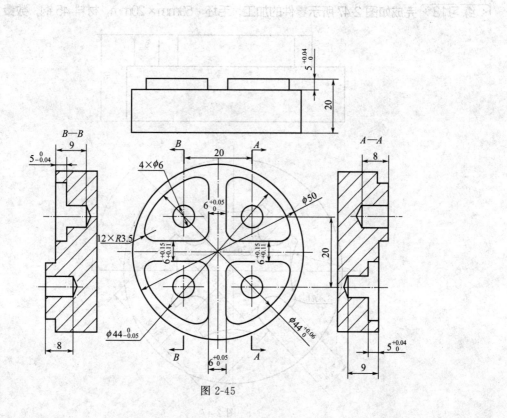

图 2-45

《练习12》 完成如图 2-46 所示零件的加工，毛坯 φ50mm×30mm，材料 45 钢，数量 1 件。

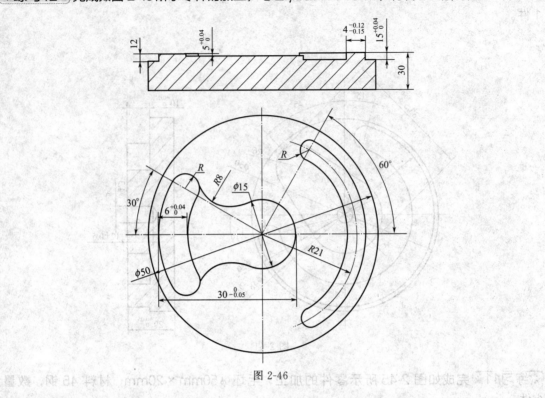

图 2-46

《练习13》 完成如图 2-47 所示零件的加工，毛坯 φ50mm×20mm，材料 45 钢，数量 1 件。

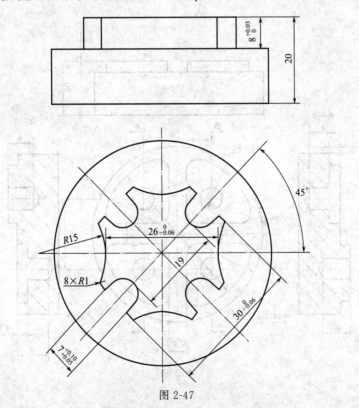

图 2-47

练习14 完成如图 2-48 所示零件的加工，毛坯 ϕ50mm × 30mm，材料 45 钢，数量 1 件。

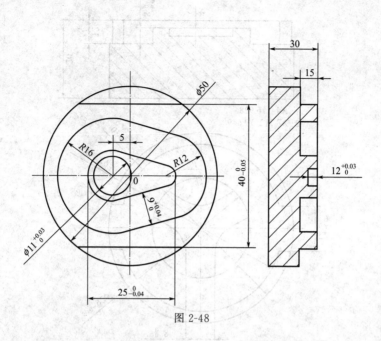

图 2-48

练习15 完成如图 2-49 所示零件的加工，毛坯 ϕ50mm × 30mm，材料 45 钢，数量 1 件。

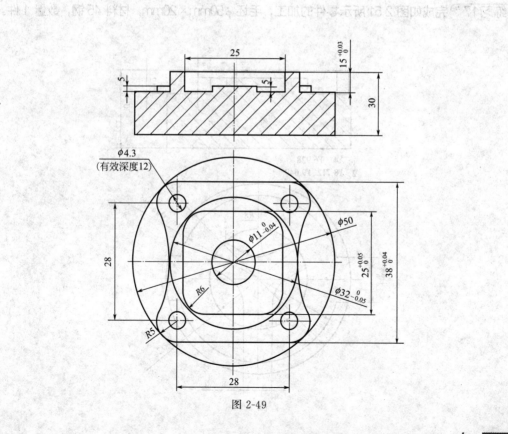

图 2-49

⟨·练习16·⟩完成如图 2-50 所示零件的加工，毛坯 ϕ50mm×20mm，材料 45 钢，数量 1 件。

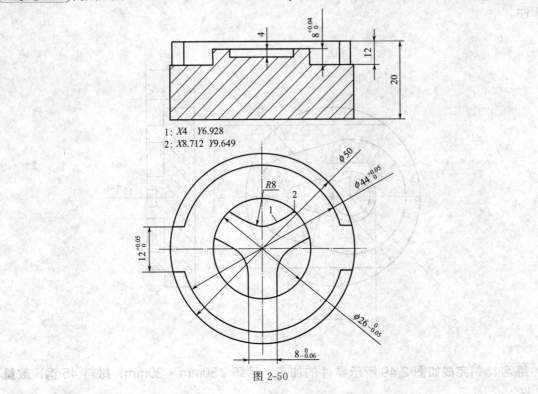

1: X4   Y6.928
2: X8.712 Y9.649

图 2-50

⟨·练习17·⟩完成如图 2-51 所示零件的加工，毛坯 ϕ50mm×20mm，材料 45 钢，数量 1 件。

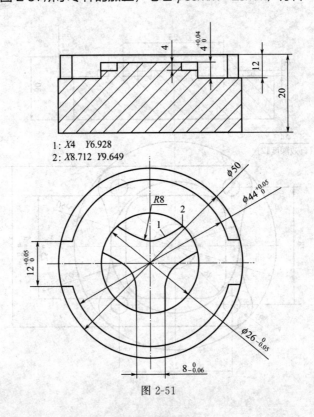

1: X4   Y6.928
2: X8.712 Y9.649

图 2-51

練習18 完成如图 2-52 所示零件的加工，毛坯 φ50mm×20mm，材料 45 钢，数量 1 件。

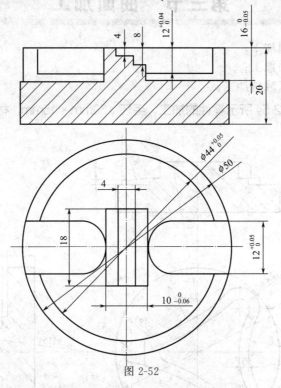

图 2-52

練習19 完成如图 2-53 所示零件的加工，毛坯 φ100mm×27mm，材料 45 钢，数量 1 件。

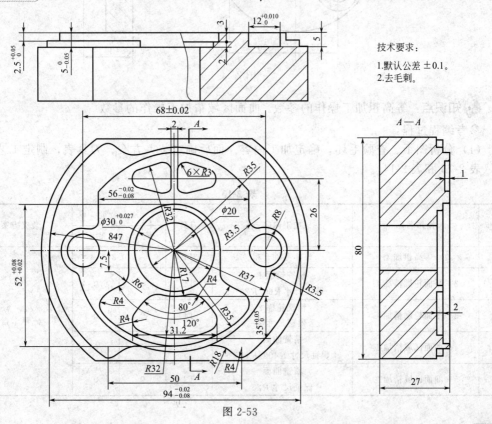

技术要求：

1.默认公差 ±0.1。
2.去毛刺。

图 2-53

第三节 曲面加工

相关操作：等高粗加工；
　　　　　等高精加工；
　　　　　曲面区域精加工。

⊙ **训练 1** 完成如图 2-54 所示零件的加工，毛坯 $\phi50mm \times 15mm$，材料硬铝，数量 1 件。

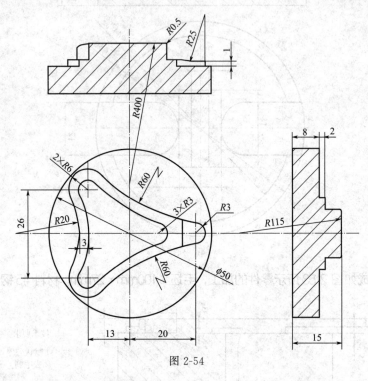

图 2-54

⚠ **知识点**：等高粗加工操作的参数，曲面区域精加工操作的参数。

参考编程过程：

（1）分析图纸、查验毛坯，确定加工内容。而后确定装夹方案、刀具表，制定工艺过程卡（表 2-13 和表 2-14）。

表 2-13

工步	操作名称	加工内容	刀具	加工余量		装夹方案
				侧壁	底面	
1	1—等高粗加工	整体零件开粗	T1	0.3		三爪卡盘
2	2—平面轮廓精加工	精铣轮廓 1 保证尺寸 R60/R20	T1	0	0	
3	3—平面轮廓精加工	精铣轮廓 2 保证尺寸 3	T1	0	0	
4	4—曲面区域精加工	精铣曲面 保证尺寸 R400/R115	T2	0	0	
5	5—曲面区域精加工	精铣曲面 保证尺寸 R25	T2	0	0	

表 2-14

刀号	规格	加工用途	切削参数		
			主轴转速 S /(r/min)	最大切深 Z /mm	进给速度 F /(mm/min)
T1	ϕ10 HSS 立铣刀	粗、精加工	1000	3	120
T2	ϕ10 HSS 球铣刀	精加工	1500	2	300

（2）加工造型（图 2-55）：完成实体造型，并且保留轮廓曲线，存放到不同的图层。

（3）设置毛坯（图 2-56）：ϕ50mm×15mm 的圆柱。

图 2-55

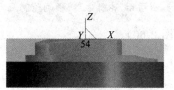

图 2-56

（4）创建刀库（略）。

（5）设置加工零点：工件上表面中心点，见图 2-56。如果造型时，坐标系零点不在上表面中心点，则要在工件上表面中心点创建加工坐标系。

（6）工步 1：创建"1—等高粗加工"操作。

① 选择刀具：T1。

② 切削参数：主轴转速　　　1000；
　　　　　　　慢速下刀速度　F120；
　　　　　　　切入切出速度　F120；
　　　　　　　切削速度　　　F120。

③ 加工参数：

加工边界:不选择(缺省加工所有毛坯);　　　加工余量:0.3;
高度范围:毛坯的 z 范围(也可指定 z-7);　　下刀方式:毛坯外部;
每层切深:3;　　　　　　　　　　　　　　安全平面:100;
行距:6;　　　　　　　　　　　　　　　　慢速切入距离:5。

④ 加工轨迹（图 2-57）。

（7）工步 2：创建"2—平面轮廓精加工"操作。

① 加工参数：

顶层高度:0;　　　　　　　　　　　　　加工余量:0。
底层高度:-5;

② 轨迹（图 2-58）。

图 2-57

图 2-58

(8) 工步 3：创建"3—平面轮廓精加工"操作。

① 加工参数：

顶层高度：0； 底层高度：-7；	加工余量：0； 刀次：2，行距：7。

② 轨迹（图 2-59）。

(9) 工步 4：创建"4—曲面区域精加工"操作。

① 加工参数：

加工曲面：拾取整个实体； 轮廓曲线：圈住加工范围； 轮廓补偿：past(可用"轮廓余量"精确控制刀	具轨迹)； 走刀方式：环切加工，行距 0.3； 加工余量：0。

② 轨迹（图 2-60）。

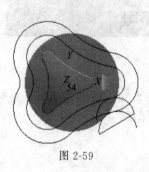

图 2-59

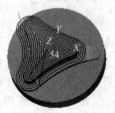

图 2-60

(10) 工步 5：创建"5—曲面区域精加工"操作。

① 加工参数：

加工曲面：拾取整个实体； 轮廓曲线：提取"实体边界"(图 2-61)；	轮廓补偿：on(可用"轮廓余量"精确控制刀具 轨迹)； 走刀方式：平行加工，往复，行距 0.3； 加工余量：0。

图 2-61

② 轨迹（图 2-62）。

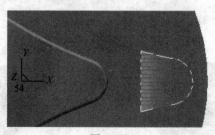

图 2-62

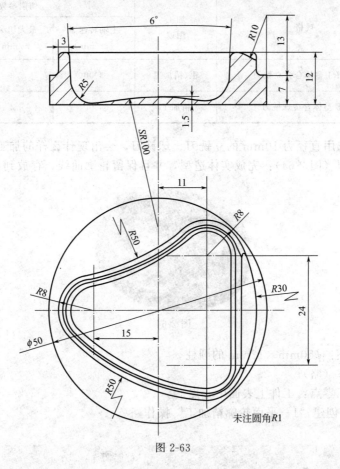

訓练 2 完成如图 2-63 所示零件的加工，毛坯 $\phi50mm \times 12mm$，材料 45 钢，数量 1 件。

图 2-63

参考编程过程：

（1）分析图纸、查验毛坯，确定加工内容。而后确定装夹方案、刀具表、制定工艺过程卡（表 2-15 和表 2-16）。

表 2-15

工步	操作名称	加工内容	刀具	加工余量		装夹方案
				侧壁	底面	
1	1—平面轮廓精加工	粗铣轮廓 1($R50/R30$)	T1	0.3	0.1	
2	2—等高粗加工	整体零件开粗	T1	0.3		
3	3—等高精加工	精铣内腔侧壁	T1	0	0	
4	4—平面轮廓精加工	精铣轮廓 1 保证尺寸 $R50/R30$	T1	0	0	三爪卡盘
5	5—曲面区域精加工	精铣曲面 $SR100$、 $R5$ 倒圆角面	T2	0	0	
6	6—曲面区域精加工	精铣 $R10$ 弧面、 精铣 $R1$ 过渡面	T2	0	0	

表 2-16

刀号	规格	加工用途	切削参数		
			主轴转速 S /(r/min)	最大切深 Z /mm	进给速度 F /(mm/min)
T1	φ10R1 整体合金立铣刀	粗、精加工	3000	3	300
T2	φ8 整体合金球铣刀	精加工	3500	2	1000

提示：如果选用直径为 10mm 的立铣刀、球铣刀，会出现什么样的加工效果？

（2）加工造型（图 2-64）：完成实体造型，并且保留轮廓曲线，存放到不同的图层。

图 2-64

（3）设置毛坯：φ50mm×12mm 的圆柱。

（4）创建刀库（略）。

（5）设置加工零点：工件上表面中心点。

（6）工步 1：创建"1—平面轮廓精加工"操作。

① 加工参数：

刀具：T1；	每层切深：2.5；
顶层高度：0；	加工余量：0.3；
底层高度：-4.9；	刀次：2，行距：5。

② 轨迹（图 2-65）。

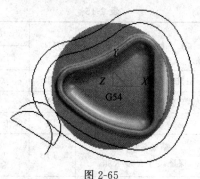

图 2-65

（7）工步 2：创建"2—等高粗加工"操作。

① 选择刀具：T1。

② 切削参数：（略）。

③ 加工参数：

加工边界:选择轮廓 1,限制刀具加工范围
(图 2-66);

图 2-66

高度范围:毛坯的 Z 范围;
每层切深:2;
行距:6;
加工余量:0.3;
下刀方式:如图 2-67 所示;

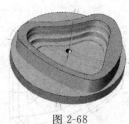

图 2-67

安全平面:100;
慢速切入距离:5;

④ 加工结果(图 2-68)。

图 2-68

(8) 工步 3:创建"3—等高精加工"操作。

① 选择刀具:T1。

② 切削参数:(略)。

③ 加工参数:

加工边界:选择轮廓 1,限制刀具加工范围
(图 2-69);

图 2-69

高度范围:毛坯的 Z 范围;
每层切深:0.5;
加工余量:0;
行间连接:沿曲面连接;
安全平面:100。

④ 加工结果(图 2-70)。

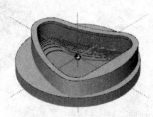

图 2-70

（9）工步 4：创建"4—平面轮廓精加工"操作。

① 加工参数：

刀具：T1； 顶层高度：0； 底层高度：-5； 每层切深：5；	加工余量：0； 刀次：2； 行距：5。

② 轨迹（图 2-71）。

（10）工步 5：创建"5—曲面区域精加工"操作。

① 加工参数：

加工曲面：拾取整个实体； 轮廓曲线：事先提取加工曲面的边，作为轮廓曲线（图 2-72）；	轮廓补偿：to； 走刀方式：环切，从里往外，行距 0.3； 加工余量：0。

② 轨迹（图 2-73）。

图 2-71

图 2-72

图 2-73

（11）工步 6：创建"6—曲面区域精加工"操作。

① 加工参数：

加工曲面：提取 R1 倒圆面、R10 弧面、顶部小平面，作为加工曲面（图 2-74）； 轮廓曲线：如图 2-74 所示； 岛屿曲线：如图 2-74 所示；	轮廓补偿：past，轮廓余量"1"； 岛补偿：past，岛余量"1"； 走刀方式：环切加工，从里向外，行距 0.3； 加工余量：0。

② 轨迹（图 2-75）。

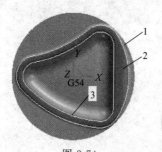

图 2-74

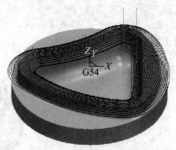

图 2-75

1—轮廓曲线；2—岛屿曲线；3—加工曲面

练习 1 完成如图 2-76 所示零件的加工，毛坯 φ50mm×20mm，材料 45 钢，数量 1 件。

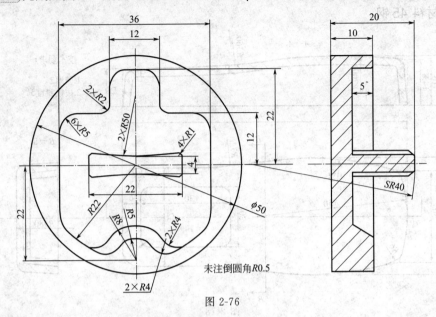

未注倒圆角R0.5

图 2-76

练习 2 完成如图 2-77 所示吊钩零件的铸造模具加工，毛坯 350mm × 260mm × 40mm，材料铸钢。

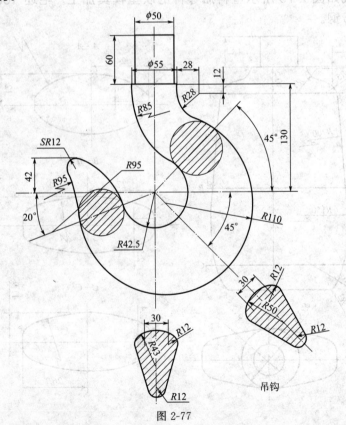

吊钩

图 2-77

提示：首先吊钩曲面造型，而后用曲面修剪毛坯，分出上模、下模零件。

练习 3 完成如图 2-78 所示手机壳零件的注塑模具加工，毛坯 120mm × 80mm × 30mm，材料 45 钢。

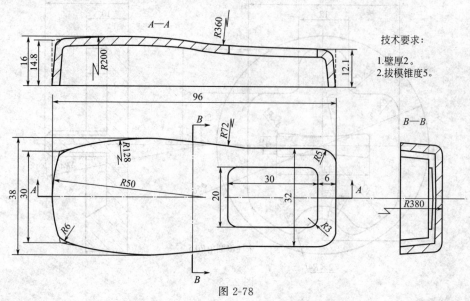

技术要求：

1. 壁厚2。
2. 拔模锥度5。

图 2-78

提示：首先吊钩造型，而后分出型腔、型芯模具，而后分别加工型腔、型芯模具。

练习 4 完成如图 2-79 所示塑料瓶零件的吹塑模具加工，毛坯 100mm × 80mm × 25mm，材料 45 钢。

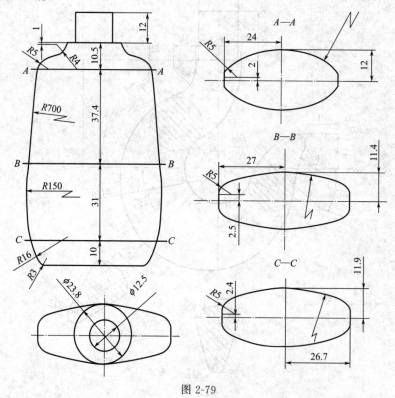

图 2-79

提示：首先塑料瓶造型，而后分出上模、下模，而后分别加工上模、下模。

第四节 综合加工

训练 1 完成如图2-80所示零件的加工，毛坯 ϕ50mm × 52mm，材料45钢，数量1件。

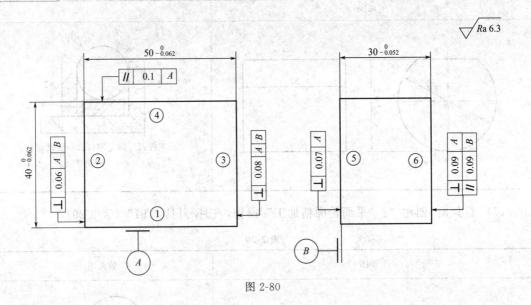

图 2-80

参考工艺过程：

（1）分析图纸、查验毛坯，确定加工内容。而后确定装夹方案、刀具表，制定工艺过程卡（表2-17和表2-18）。

表 2-17

工步	操作名称	加工内容	刀具	加工余量		装夹方案
				侧壁	底面	
1	1—平面轮廓精加工	粗削①面	T1		0.5	
2	2—平面轮廓精加工	粗削⑤面	T1		0.5	
3	3—平面轮廓精加工	粗削⑥面	T1		0.5	平口钳
4	4—平面轮廓精加工	粗削④面	T2		0.5	
5	5—平面轮廓精加工	粗削②面	T2		0.5	
6	6—平面轮廓精加工	粗削③面	T2		0.5	

表 2-18

刀号	规格	加工用途	切削参数		
			主轴转速 S /(r/min)	最大切深 Z /mm	进给速度 F /(mm/min)
T1	ϕ60 面铣刀	铣削平面	800	2	300

（2）加工造型：绘制1条50mm直线。

（3）设置毛坯（略）。

（4）创建刀库（略）。

（5）设置加工零点（略）。

（6）工步1：创建"1—平面轮廓精加工"操作，选择刀具"T1"（表2-19）。

表2-19

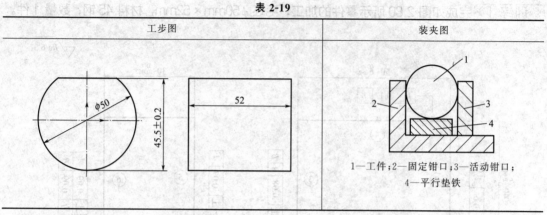

工步图	装夹图
	1—工件；2—固定钳口；3—活动钳口；4—平行垫铁

（7）工步2：创建"2—平面轮廓精加工"操作，选择刀具"T1"（表2-20）。

表2-20

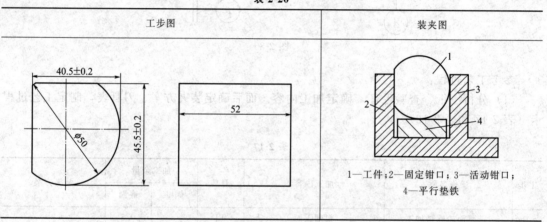

工步图	装夹图
	1—工件；2—固定钳口；3—活动钳口；4—平行垫铁

（8）工步3：创建"3—平面轮廓精加工"操作，选择刀具"T1"（表2-21）。

表2-21

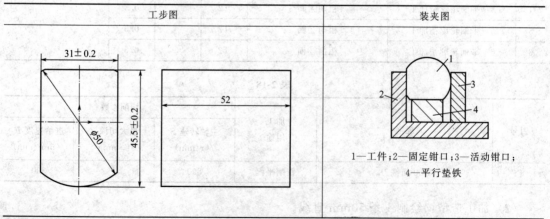

工步图	装夹图
	1—工件；2—固定钳口；3—活动钳口；4—平行垫铁

（9）工步 4：创建"4—平面轮廓精加工"操作，选择刀具"T1"（表 2-22）。

表 2-22

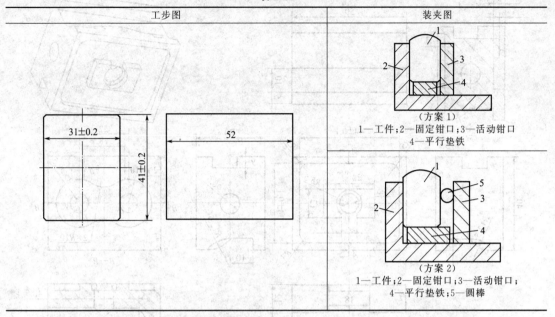

工步图	装夹图

（方案1）
1—工件；2—固定钳口；3—活动钳口
4—平行垫铁

（方案2）
1—工件；2—固定钳口；3—活动钳口；
4—平行垫铁；5—圆棒

思考：装夹方案 1 与装夹方案 2 的区别。

（10）工步 5：创建"5—平面轮廓精加工"操作，选择刀具"T1"（表 2-23）。

表 2-23

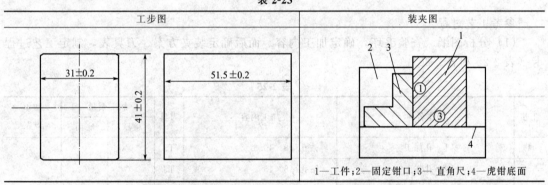

工步图	装夹图

1—工件；2—固定钳口；3— 直角尺；4—虎钳底面

（11）工步 6：创建"6—平面轮廓精加工"操作，选择刀具"T1"（表 2-24）。

表 2-24

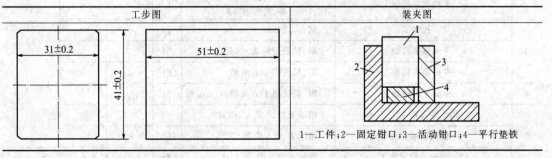

工步图	装夹图

1—工件；2—固定钳口；3—活动钳口；4—平行垫铁

（12）工步 7～12 同工步 1～6。

◌ 训练 2 ◌ 完成如图 2-81 所示零件的加工，毛坯 ϕ50mm×55mm，材料 45 钢，数量 1 件。

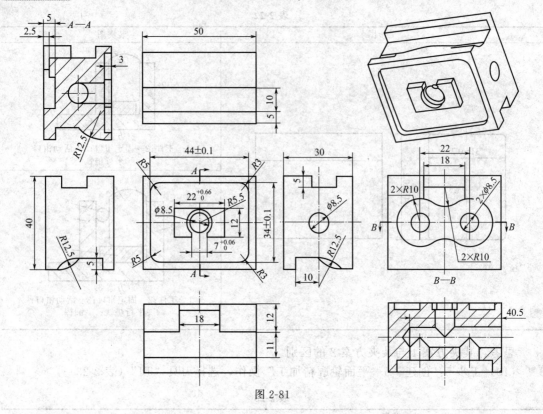

图 2-81

参考工艺过程：

（1）分析图纸、查验毛坯，确定加工内容。而后确定装夹方案、刀具表，制定工艺过程卡（表 2-25 和表 2-26）。

表 2-25

工步	操作名称	加工内容	刀具	加工余量		装夹方案
				侧壁	底面	
1	1—孔加工	钻孔 $\phi8\times40.5$	T3	0	0	平口钳
	2—孔加工	钻孔 $\phi8\times15$	T3	0	0	
2	3—平面区域粗加工	粗铣轮廓 44×34、轮廓 22×12	T1	0.2	0.1	
	4—平面轮廓精加工	粗铣 7mm 槽、轮廓 $R5.5$	T2	0.2	0.1	
	5—平面轮廓精加工	精铣轮廓 44×34、轮廓 22×12、7mm 槽、轮廓 $R5.5$	T2	0	0	
3	6—孔加工	钻孔 $\phi8\times15$	T3	0	0	
	7—平面轮廓精加工	粗、精铣削轮廓 $4\times R10$	T1	0	0	
	8—平面轮廓精加工	粗、精铣削 18mm 槽	T1	0	0	
4	9—平面轮廓精加工	粗、精铣削 18mm 槽、11mm 槽	T1	0	0	
5	10—等高精加工	粗铣 $R12.5$ 曲面、槽宽	T1	0.3	0.3	
	11—曲面区域精加工	精削 $R12.5$ 曲面	T2	0	0	
	12—平面轮廓精加工	精铣 10×5 槽	T1	0	0	

表 2-26

刀号	规格	加工用途	切削参数		
			主轴转速 S /(r/min)	最大切深 Z /mm	进给速度 F /(mm/min)
T1	ϕ10HSS 立铣刀	铣削平面轮廓	700	3	80
T2	ϕ6HSS 立铣刀	铣削平面轮廓	1000	2	80
T3	ϕ8.5HSS 钻头	钻孔	800	2	100

（2）加工造型（表 2-27）。

表 2-27

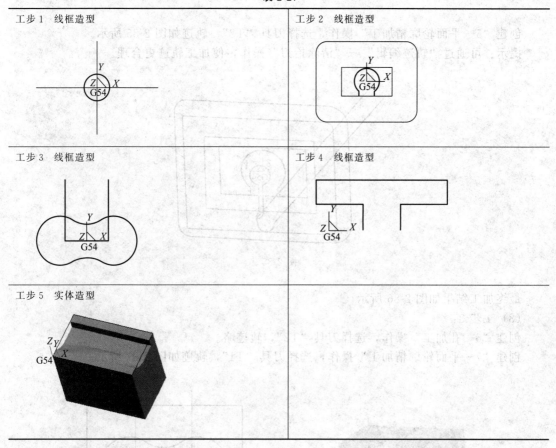

工步1 线框造型

工步2 线框造型

工步3 线框造型

工步4 线框造型

工步5 实体造型

（3）设置毛坯（略）。

（4）创建刀库（略）。

（5）设置加工零点（表 2-27）。

（6）工步 1：创建"1—孔加工"操作，选择刀具"T3"，轨迹如图 2-82 所示。

（7）工步 2：

创建"2—孔加工"操作，选择刀具"T3"，轨迹略。

创建"3—平面区域粗加工"操作，选择刀具"T1"，轨迹如图 2-83 所示。

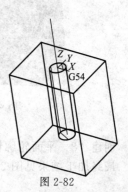

图 2-82

创建"4—平面轮廓精加工"操作，选择刀具"T2"，轨迹如图 2-84 所示。

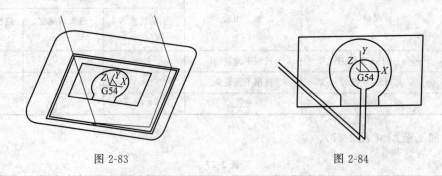

图 2-83   图 2-84

创建"5—平面轮廓精加工"操作，选择刀具"T2"，轨迹如图 2-85 所示。
提示：可通过"轨迹编辑"—"清除抬刀"操作，使加工轨迹更合理。

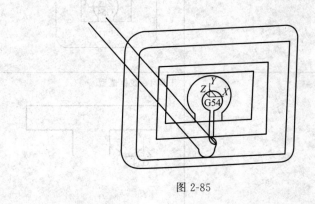

图 2-85

最终加工结果如图 2-86 所示。
（8）工步 3：
创建"6—孔加工"操作，选择刀具"T3"，轨迹略。
创建"7—平面轮廓精加工"操作，选择刀具"T1"，轨迹如图 2-87 所示。

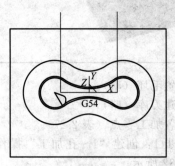

图 2-86   图 2-87

创建"8—平面轮廓精加工"操作，选择刀具"T1"，轨迹如图 2-88 所示。
最终加工结果见图 2-89。

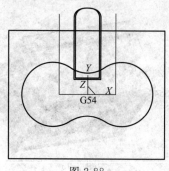

图 2-88

图 2-89

（9）工步 4：

创建"9—平面轮廓精加工"操作，选择刀具"T1"，轨迹见图 2-90。

加工结果见图 2-91。

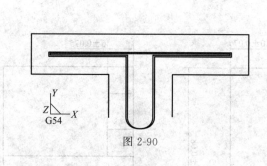

图 2-90

图 2-91

（10）工步 5：

创建"10—等高精加工"操作，选择刀具"T1"，轨迹见图 2-92。

加工参数：

层高，1；

加工边界，使用（下图黑色线框）；

切入切出，相切直线（长度 8mm）；

间隙连接，光滑连接；

行间连接，光滑连接。

创建"11—曲面区域精加工"操作，选择刀具"T2"，轨迹见图 2-93。

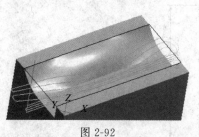

图 2-92

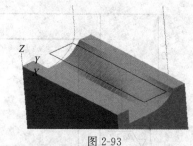

图 2-93

创建"12—平面轮廓精加工"操作，选择刀具"T1"，轨迹见图 2-94。

加工结果见图 2-95。

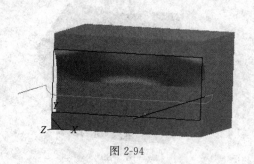
图 2-94

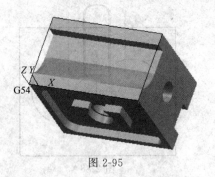
图 2-95

训练 3 完成如图 2-96 所示零件的加工，毛坯 ϕ50mm × 42mm，材料 45 钢，数量 1 件。

其余

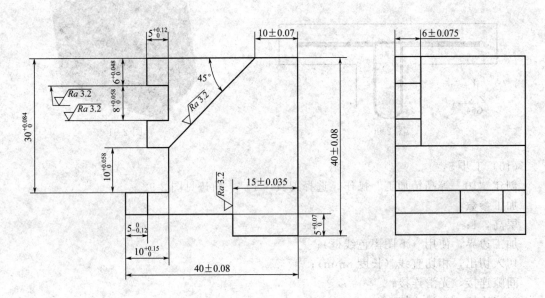

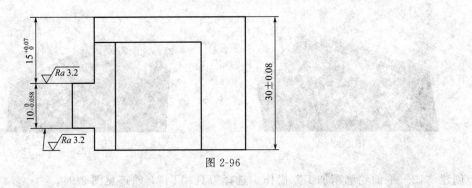
图 2-96

参考工艺过程：

（1）分析图纸、查验毛坯，确定加工内容。而后确定装夹方案、刀具表，制定工艺过程卡（表 2-28 和表 2-29）。

表 2-28

工步	操作名称	加工内容	刀具	加工余量		装夹方案
				侧壁	底面	
1	1—平面轮廓精加工	粗铣 15×5 阶台	T1	0.2	0.1	
	2—平面轮廓精加工	精铣 15×5 阶台 保证尺寸 15 ± 0.035、$5_{0}^{-0.05}$	T1	0	0	
2	3—平面轮廓精加工	粗铣 45°斜面	T1	0.2	0.1	平口钳
	4—平面轮廓精加工	精铣 45°斜面 保证尺寸 10 ± 0.07、6 ± 0.075、45°	T1	0	0	
3	5—平面轮廓精加工	铣削 10mm 槽保证尺寸 $10_{0}^{+0.058}$、$5_{0}^{+0.15}$	T2	0	0	
	6—平面轮廓精加工	粗铣 10×5 阶台 保证尺寸 $5_{-0.02}^{0}$	T2	0.3	0	
	7—平面轮廓精加工	精削 10×5 阶台 保证尺寸 $10_{-0.038}^{0}$	T2	0	0	
	8—平面轮廓精加工	铣削 8mm 槽	T3	0	0	

表 2-29

刀号	规格	加工用途	切削参数		
			主轴转速 S /(r/min)	最大切深 Z /mm	进给速度 F /(mm/min)
T1	φ16HSS 立铣刀	铣削平面轮廓	400	3	80
T2	φ10 HSS 立铣刀	铣削平面轮廓	700	3	80
T3	φ8 HSS 立铣刀	铣削平面轮廓	1000	2	80

（2）加工造型（表 2-30）。

表 2-30

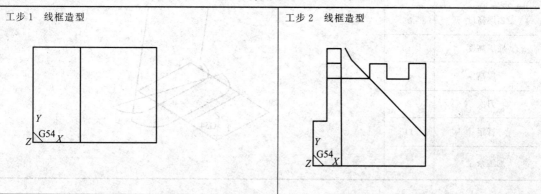

工步 1　线框造型	工步 2　线框造型

工步 3　线框造型

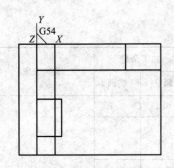

（3）设置毛坯（略）。

（4）创建刀库（略）。

（5）设置加工零点（见各工步表格）。

（6）工步 1：

创建"1—平面轮廓精加工"操作，加工参数、刀具轨迹如表 2-31 所示。

表 2-31

刀具	T1
顶层高度	0
底层高度	-4.9
层高	3
刀次	2
行距	11
加工余量	0.2

创建"2—平面轮廓精加工"操作，加工参数、刀具轨迹如表 2-32 所示。

表 2-32

刀具	T1
顶层高度	0
底层高度	-5
层高	5
刀次	2
行距	11
加工余量	0

加工结果见图 2-97。

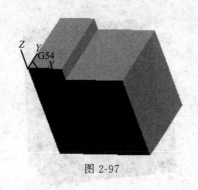

图 2-97

（7）工步 2：

创建"3—平面轮廓精加工"操作，加工参数、刀具轨迹如表 2-33 所示。

表 2-33

刀具	T2	
顶层高度	0	
底层高度	−23.9	
层高	3	
刀次	2	
行距	8	
加工余量	0.2	

创建"4—平面轮廓精加工"操作，加工参数、刀具轨迹如表 2-34 所示。

表 2-34

刀具	T2	
顶层高度	0	
底层高度	−24	
层高	24	
刀次	2	
行距	11	
加工余量	0	

加工结果见图 2-98。

图 2-98

（8）工步 3：

创建"5—平面轮廓精加工"操作，加工参数、刀具轨迹如表 2-35 所示。

表 2-35

刀具	T2	
顶层高度	0	
底层高度	−10	
层高	3	
加工余量	0	
接近方式，直线	6	
返回方式，直线	6	
抬刀	是	
层间走刀	单向	

创建"6—平面轮廓精加工"操作，加工参数、刀具轨迹如表 2-36 所示。

表 2-36

刀具	T2	
顶层高度	0	
底层高度	−5	
层高	3	
加工余量	0.3	

创建"7—平面轮廓精加工"操作，加工参数、刀具轨迹如表 2-37 所示。

表 2-37

刀具	T2	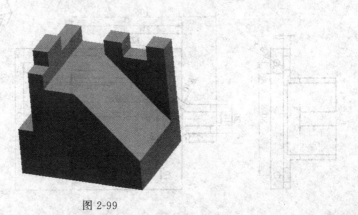
顶层高度	0	
底层高度	－5	
层高	5	
加工余量	0	

创建"8—平面轮廓精加工"操作，加工参数、刀具轨迹如表 2-38 所示。

表 2-38

刀具	T3	
顶层高度	－5	
底层高度	－10	
层高	2.5	
刀具偏移类型	On	
加工余量	0	
接近方式,直线	6	
返回方式,直线	6	
抬刀	是	
层间走刀	单向	

加工结果见图 2-99。

图 2-99

练习 1 完成如图 2-100 所示零件的加工，毛坯 ϕ50mm×42mm，材料 45 钢，数量 1 件。

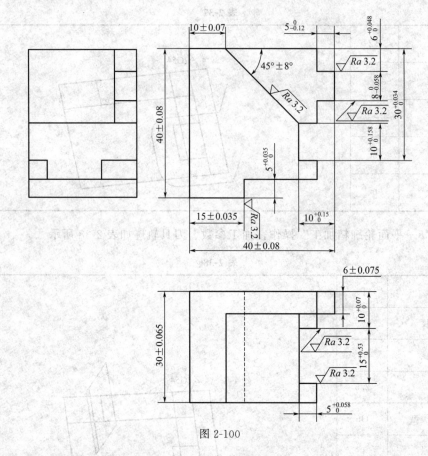

图 2-100

练习 2 完成如图 2-101 所示零件的加工，毛坯 ϕ130mm×55mm，材料 45 钢，数量 1 件。

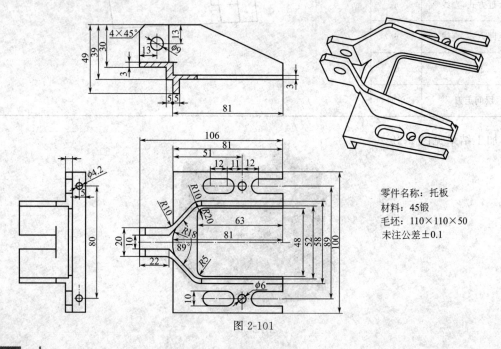

零件名称：托板
材料：45锻
毛坯：110×110×50
未注公差±0.1

图 2-101

〔 练习3 〕完成如图 2-102 所示零件的加工，毛坯 φ100mm × 100mm，材料 45 钢，数量 1 件。

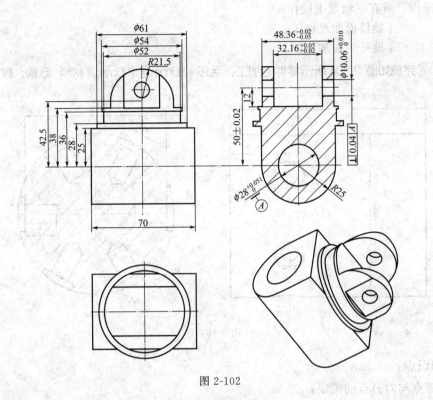

图 2-102

〔 练习4 〕完成如图 2-103 所示零件的加工，毛坯 φ100mm × 35mm，材料 45 钢，数量 1 件。

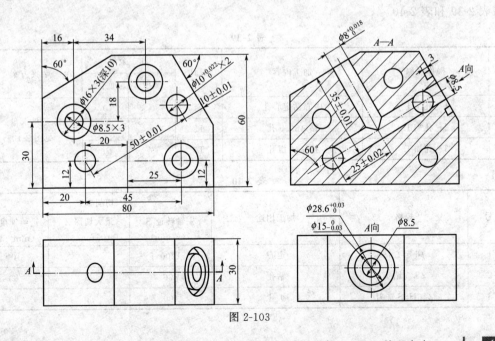

图 2-103

第五节 4轴加工

相关操作：所有三轴加工操作；

4轴柱面曲线加工；

4轴平切面加工。

训练 1 完成如图2-104所示零件的加工，毛坯 ϕ80mm×100mm，材料45钢，数量1件。

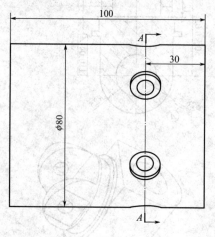
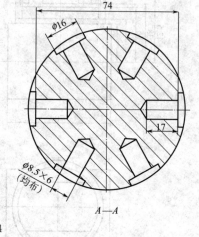

图 2-104

知识点：

工件零点与对刀点的确定；

3+1定向加工。

参考工艺过程：

（1）分析图纸、查验毛坯，确定加工内容。而后确定装夹方案、刀具表，制定工艺过程卡（表2-39和表2-40）。

表 2-39

工步	操作名称	加工内容	刀具	加工余量		装夹方案
				侧壁	底面	
1	1—孔加工	中心钻定心孔	T1		0	三爪卡盘 见图2-105
2	2—孔加工	钻 ϕ89.5孔	T2		0	
3	3—孔加工	扩 ϕ16沉孔	T3		0	

表 2-40

刀号	规格	加工用途	切削参数		
			主轴转速 S /(r/min)	最大切深 Z /mm	进给速度 F /(mm/min)
T1	ϕ6定心钻	定心	1200	2	100
T2	ϕ8.5钻头	钻孔	800	23	80
T3	ϕ16HSS铣刀	扩孔	400	3	60

（2）加工造型：采用线框造型，见图2-106。

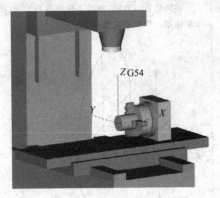

图2-105

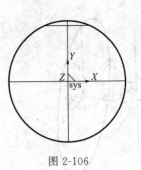

图2-106

（3）设置毛坯（略）。

（4）创建刀库，见图2-107。

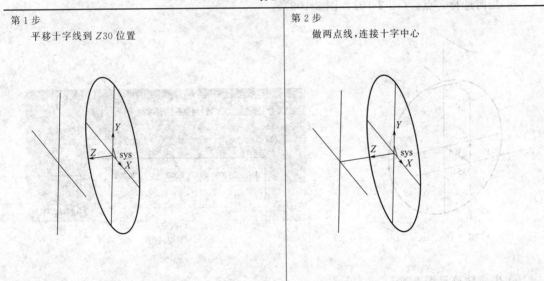

刀具库										×
共3把					增 加		清 空	导 入	导 出	
类型	名 称	刀 号	直 径	刃 长	全 长	刀杆类型	刀杆直径	半径补偿号	长度补偿号	
钻头	T1	1	6.000	50.000	80.000	圆柱	6.000	1	1	
钻头	T2	2	8.500	50.000	80.000	圆柱	8.500	2	2	
立铣刀	EdML_0	3	16.000	50.000	80.000	圆柱	16.000	3	3	

图2-107

（5）设置加工零点：在左端面中心点创建加工坐标系，步骤如表2-41所示。

表 2-41

第1步 平移十字线到 Z30 位置	第2步 做两点线，连接十字中心

第3步	第4步
依次点击"工具"、"坐标系"、"创建坐标系",选择"两条相交直线"命令,X轴选直线a,Y轴选直线b,并正确选择坐标方向,最后输入坐标系名字"G54"	在轨迹管理界面,激活工件坐标系 G54,并设置为装卡坐标系。隐藏系统坐标系 sys
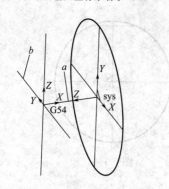	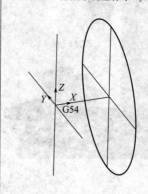

（6）工步1：创建"1—孔加工"操作。

① 选择刀具：T1。

② 切削参数：主轴转速　　　$S1200$；

　　　　　　　切削速度　　　$F100$。

③ 加工参数：

钻孔方式:钻孔;	钻孔深度:2;
安全高度:100;	工件平面:40。
安全间隙:3;	

④ 坐标系选择 G54。

⑤ 几何选择 c 点。（图 2-108、图 2-109）。

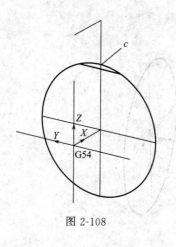

图 2-108

图 2-109

⑥ 生成轨迹见图 2-108。

⑦ 阵列钻孔操作：点击"旋转"图标，填写参数：拷贝，份数6，选择旋转轴起点、末点，拾取元素选"钻孔"操作，轨迹见图 2-110。

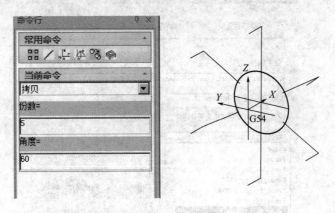

图 2-110

(7) 工步 2：创建"2—孔加工"操作。

① 选择刀具：T2。

② 切削参数：主轴转速　　$S800$；

切削速度　　$F80$。

③ 加工参数：

钻孔方式：钻孔； 安全高度：100； 安全间隙：3；	钻孔深度：23（3+ 17+ 3 钻尖高度）； 工件平面：40。

④ 坐标系选择 G54。

⑤ 几何选择 c 点（图 2-108、图 2-109）。

⑥ 生成轨迹（略）。

⑦ 阵列轨迹（略）。

(8) 工步 3：创建"3—孔加工"操作。

① 选择刀具：T3。

② 切削参数：主轴转速　　$S400$；

切削速度　　$F60$。

③ 加工参数：

钻孔方式：钻孔； 安全高度：100； 安全间隙：3；	钻孔深度：3； 工件平面：40。

④ 坐标系选择 G54。

⑤ 几何选择 c 点（图 2-108、图 2-109）。

⑥ 生成轨迹（略）。

⑦ 阵列轨迹（略）。

(9) 后处理：首先激活工件坐标系（G54）为装夹坐标系。后处理系统选择 fanuc＿4x＿A，见图 2-111，打开"五轴定向铣选项"，选中"五轴定向铣，使用当前坐标系做为装夹坐标系"，定向模式选"五轴定向铣 1"，见图 2-112。

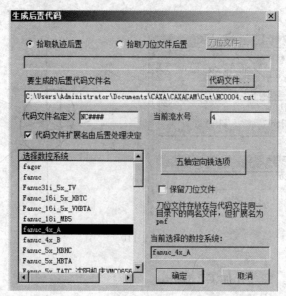

图 2-111

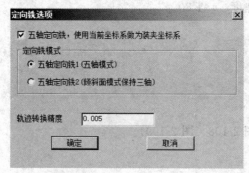

图 2-112

① 对于数控铣床，选择 6 个中心钻操作生成程序如下。

```
%                                  N134 G90 G0 Y0. Z115. A300.
N102 G90 G54 G0 A0.                N136 G1 Z100. F1000
N104 S3000 M03                     N138 X30. F2000
N106 M07                           N140 Z43.
N108 X0.                           N142 Z38.
N110 G43 H1 Z100.                  N144 Z43.
N112 Y0. Z115.                     N146 Z100.
N114 G1 Z100. F1000                N148 X0.
N116 X30. F2000                    N150 Z115.
N118 Z43.                          N152 Z100.
N120 Z38.                          N154 X0.
N122 Z43.                          N156 G90 G0 Y0. Z115. A240.
N124 Z100.                         N158 G1 Z100. F1000
N126 X0.                           N160 X30. F2000
N128 Z115.                         N162 Z43.
N130 Z100.                         N164 Z38.
N132 X0.                           N166 Z43.
```

```
N168 Z100.                          N210 Z43.
N170 X0.                            N212 Z100.
N172 Z115.                          N214 X0.
N174 Z100.                          N216 Z115.
N176 X0.                            N218 Z100.
N178 G90 G0 Y0. Z115. A180.         N220 X0.
N180 G1 Z100. F1000                 N222 G90 G0 Y0. Z115. A60.
N182 X30. F2000                     N224 G1 Z100. F1000
N184 Z43.                           N226 X30. F2000
N186 Z38.                           N228 Z43.
N188 Z43.                           N230 Z38.
N190 Z100.                          N232 Z43.
N192 X0.                            N234 Z100.
N194 Z115.                          N236 X0.
N196 Z100.                          N238 Z115.
N198 X0.                            N240 Z100.
N200 G90 G0 Y0. Z115. A120.         N242 G0 A0. 0
N202 G1 Z100. F1000                 N244 M05
N204 X30. F2000                     N246 M09
N206 Z43.                           N248 M30
N208 Z38.                           %
```

（钻孔程序和扩成程序略）

② 对于数控加工中心机床，可选择所有程序，后处理生成一个程序。

⊙**训练2**⊙完成如图 2-113 所示零件的加工，毛坯见图 2-114，材料 45 钢，数量 1 件。

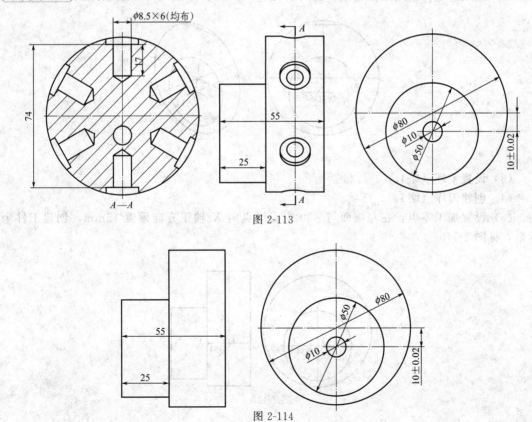

图 2-113

图 2-114

💡 **知识点**：4 轴工件的装夹、对刀。

参考工艺过程：

（1）分析图纸、查验毛坯，确定加工内容。而后确定装夹方案、刀具表，制定工艺过程卡（表 2-42 和表 2-43）。

表 2-42

工步	操作名称	加工内容	刀具	加工余量		装夹方案
				侧壁	底面	
1	1—孔加工	中心钻定心孔	T1		0	三爪卡盘夹持 $\phi50$ 圆柱
2	2—孔加工	钻 $\phi89.5$ 孔	T2		0	
3	3—孔加工	扩 $\phi16$ 沉孔	T3		0	

表 2-43

刀号	规格	加工用途	切削参数		
			主轴转速 S /(r/min)	最大切深 Z /mm	进给速度 F /(mm/min)
T1	$\phi6$ 定心钻	定心	1200	2	100
T2	$\phi8.5$ 钻头	钻孔	800	23	80
T3	$\phi16$HSS 铣刀	扩孔	400	3	60

（2）加工造型：采用线框造型，见图 2-115。

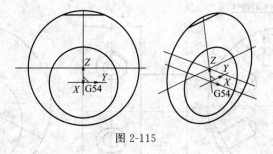

图 2-115

（3）设置毛坯（略）。

（4）创建刀库（略）。

（5）设置加工零点：在左端面与 $\phi50$ 中心线点向 X 轴正方向偏置 15mm，创建工件坐标系，见图 2-116。

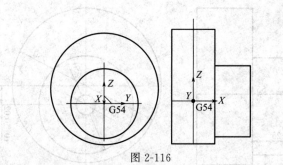

图 2-116

提示：用三爪卡盘装夹毛坯后，通过测量 $\phi 80$ 圆柱上 4 个象限点位置，测得 $\phi 80$ 圆心的实际位置，并计算出 $\phi 50$、$\phi 80$ 圆心连线和 Y 轴的夹角 α，而后使 A 轴转指定角度 α，即可使圆心连线与 Y 轴轴线重合，见图 2-117。

（6）工步 1：创建 "1—孔加工" 操作。

① 选择刀具：T1。

② 切削参数：主轴转速　　$S1200$；

　　　　　　　切削速度　　$F100$。

③ 加工参数：

钻孔方式:钻孔;	钻孔深度:2;
安全高度:100;	工件平面:50（在加工坐标系下,最高象限点
安全间隙:3;	的坐标为 Z50）。

④ 坐标系选择 G54。

⑤ 几何选择 c 点（图 2-118）。

图 2-117

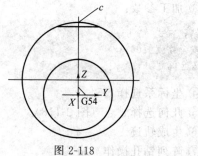
图 2-118

⑥ 生成轨迹。

⑦ 阵列钻孔操作：点击 "旋转" ⟳ 图标，填写参数：拷贝，份数 6，选择旋转轴起点 a、末点 b（$\phi 80$ 圆柱的中心线），拾取元素选 "钻孔" 操作，轨迹见图 2-119。

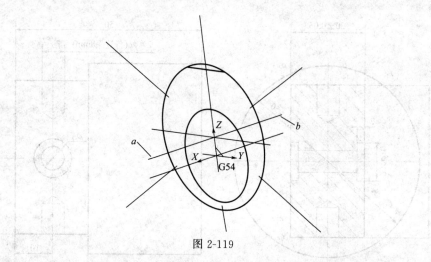
图 2-119

（7）工步 2：创建 "2—孔加工" 操作。

① 选择刀具：T2。

② 切削参数：主轴转速   S800；
          切削速度   F80。
③ 加工参数：

钻孔方式：钻孔； 安全高度：100； 安全间隙：3；	钻孔深度：27； 工件平面：50（在加工坐标系下，最高象限点的坐标为 Z50）。

④ 坐标系选择 G54。

⑤ 几何选择 c 点（图 2-118）。

⑥ 生成轨迹。

⑦ 阵列钻孔操作（略）。

（8）工步 3：创建"3—孔加工"操作。

① 选择刀具：T3。

② 切削参数：主轴转速   S400；
          切削速度   F60。

③ 加工参数：

钻孔方式：钻孔； 安全高度：100； 安全间隙：3；	钻孔深度：27； 工件平面：50（在加工坐标系下，最高象限点的坐标为 Z50）。

④ 坐标系选择 G54。

⑤ 几何选择 c 点（图 2-118）。

⑥ 生成轨迹。

⑦ 阵列钻孔操作（略）。

（9）后处理（略）。

〔训练 3〕完成如图 2-120 所示零件的加工，毛坯 φ50mm×50mm，材料 45 钢，数量 1 件。

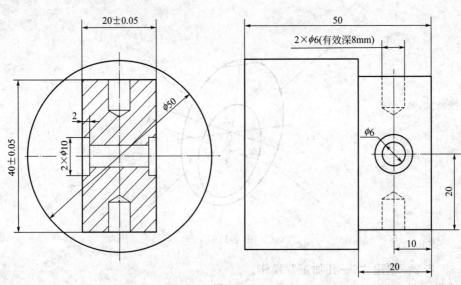

图 2-120

参考工艺过程：

（1）分析图纸、查验毛坯，确定加工内容。而后确定装夹方案、刀具表，制定工艺过程卡（表 2-44 和表 2-45）。

表 2-44

工步	操作名称	加工内容	刀具	加工余量		装夹方案
				侧壁	底面	
1	1—平面轮廓精加工 2—平面轮廓精加工	铣 40×20 阶台	T1	0	0	三爪卡盘
2	3—孔加工 4—孔加工	钻 φ6 通孔 钻 φ6 盲孔	T2		0	
3	5—孔加工	扩 φ10 沉孔	T3		0	

表 2-45

刀号	规格	加工用途	切削参数		
			主轴转速 S /(r/min)	最大切深 Z /mm	进给速度 F /(mm/min)
T1	φ16 HSS 铣刀	铣 40×20 阶台	400	10	60
T2	φ6 钻头	钻孔	1200	23	120
T3	φ10HSS 铣刀	扩孔	600	3	60

（2）加工造型：采用实体造型，见图 2-121。

图 2-121

（3）设置毛坯（略）。

（4）创建刀库（略）。

（5）设置加工零点：

① 在左端面中心点，创建工件坐标系，并命名为 G54，见图 2-121。

② 创建临时编程坐标系 G55：点击"相关线"、实体边界，选择图 2-122 所示的 2 个边，生成曲线，并建立坐标系 G55。

提示：坐标轴的 Z 轴一定要垂直于加工表面，X 轴和 Y 轴的方向没有限制。

③ 创建临时编程坐标系 G56：点击"相关线"、实体边界，选择图 2-123 所示的 2 个边，生成曲线，并建立坐标系 G56。

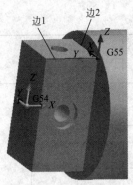

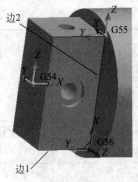

图 2-122   图 2-123

（6）工步 1：创建"1—平面轮廓精加工"操作。

① 选择刀具：T1。

② 切削参数：主轴转速 $S400$；
                   切削速度 $F60$。

③ 加工参数：

加工坐标系:G55;	加工余量:0;
顶层高度:10;	切入切出:直线,长度 20;
底层高度:0;	下刀方式:垂直;
刀次:2;	轮廓曲线:边 2(见图 2-122);
行距:10;	安全平面:100。

④ 生成轨迹，见图 2-124。

⑤ 旋转轨迹：旋转轴线选 A 轴轴线，轨迹见图 2-125。

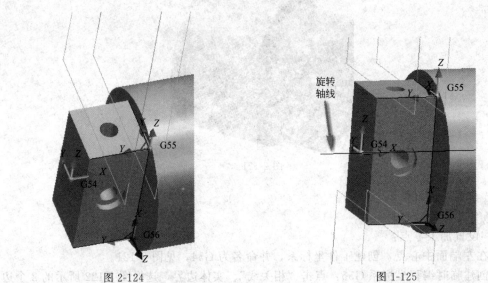

图 2-124   图 1-125

（7）工步 2：创建"2—平面轮廓精加工"操作。

① 选择刀具：T2。

② 切削参数：主轴转速　　　S800；

　　　　　　　切削速度　　　F80。

③ 加工参数：

加工坐标系：G56；	加工余量：0；
顶层高度：10；	切入切出：直线，长度20；
底层高度：0；	下刀方式：垂直；
刀次：2；	轮廓曲线：边2(见图2-123)；
行距：10；	安全平面：100。

④ 生成轨迹（略）。

⑤ 旋转轨迹（略）。

(8) 工步3：创建"3—孔加工"操作。

① 选择刀具：T2。

② 切削参数：主轴转速　　　S1200；

　　　　　　　切削速度　　　F120。

③ 加工参数：

钻孔方式：钻孔；	钻孔深度：11；
安全高度：100；	工件平面：40。
安全间隙：3；	

④ 坐标系选择G55。

⑤ 几何选择加工表面孔中心点。

提示：可通过"相关线"，拾取孔口的边生成圆弧。

⑥ 生成轨迹（略）。

⑦ 阵列轨迹（略）。

(9) 工步4：创建"4—孔加工"操作。

① 选择刀具：T2。

② 切削参数：主轴转速　　　S1200；

　　　　　　　切削速度　　　F120。

③ 加工参数：

钻孔方式：高速啄钻；	钻孔深度：23；
安全高度：100；	工件平面：40。
安全间隙：3；	

④ 坐标系选择G55。

⑤几何选择加工表面孔中心点。

提示：可通过"相关线"，拾取孔口的边生成圆弧。

⑥ 生成轨迹（略）。

(10) 工步5：创建"5—孔加工"操作。

① 选择刀具：T3。

② 切削参数：主轴转速　　　S600；

　　　　　　　切削速度　　　F60。

③ 加工参数：

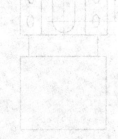

钻孔方式:钻孔;	钻孔深度:2;
安全高度:100;	工件平面:40。
安全间隙:3;	

④ 坐标系选择 G56。

⑤ 几何选择加工表面孔中心点。

⑥ 生成轨迹（略）。

⑦ 阵列轨迹（略）。

(11) 后处理:

① 激活坐标系 G54,并设置为装卡坐标系,见图 2-126。

② 选择合适的操作,生成 G 代码程序。

【练习 1】完成图 2-127 零件的加工,毛坯 φ50mm × 100mm,材料 45 钢,数量 1 件。

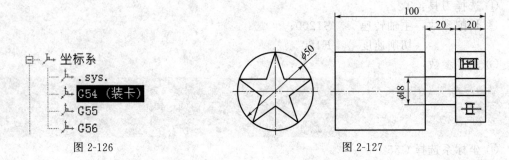

图 2-126   图 2-127

提示:中间 φ18mm×20mm 的槽,需提前车成。

【练习 2】完成图 2-128 零件的加工,毛坯 φ50mm × 100mm,材料 45 钢,数量 1 件。

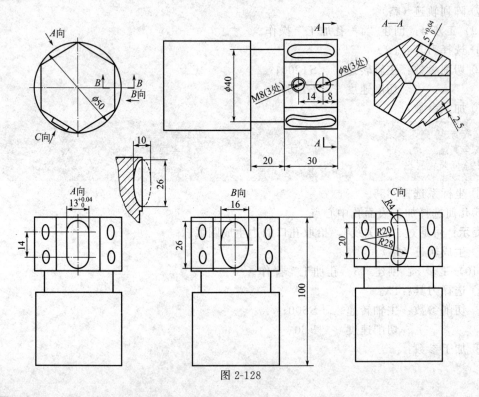

图 2-128

练习 3 完成如图 2-129 零件 ϕ40mm 密封槽的加工，毛坯 ϕ50mm × 100mm，材料
45 钢，数量 1 件。

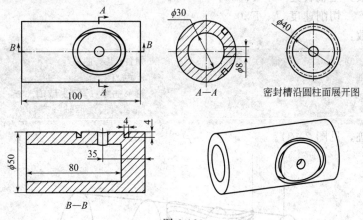

图 2-129

参考工艺过程：

（1）分析图纸、查验毛坯，确定加工内容。而后确定装夹方案、刀具表，制定工艺过程
卡（表 2-46 和表 2-47）。

表 2-46

工步	操作名称	加工内容	刀具	加工余量		装夹方案
				侧壁	底面	
1	1—平面轮廓精加工	铣 40×20 阶台	T1	0	0	三爪卡盘

表 2-47

刀号	规格	加工用途	切削参数		
			主轴转速 S /(r/min)	最大切深 Z /mm	进给速度 F /(mm/min)
T1	ϕ4 HSS 铣刀	铣 ϕ40×4 密封槽	1600	2	50

（2）加工造型：采用线面造型，通过线面映射功能把 ϕ40mm 的圆缠绕到 ϕ50mm 圆柱
表面，见图 2-130。

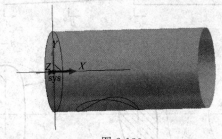

图 2-130

（3）设置毛坯（略）。

（4）创建刀库（略）。

（5）设置加工零点：在左端面中心点，创建工件坐标系，并命名为 G54。

(6) 工步 1：创建"1—平面轮廓精加工"操作。

① 选择刀具：T1。

② 切削参数：主轴转速　　S1600；

　　　　　　　切削速度　　F50。

③ 加工参数：

加工坐标系:G54;	偏置选项:曲线上;
旋 转 轴:X 轴;	行距:10;
加工深度:4;	轮廓曲线:缠绕生成的曲线;
进 刀 量:2;	加 工 侧:远离轴线方向。

④ 生成轨迹，见图 2-131。

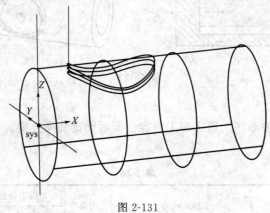

图 2-131

(7) 后处理（略）。

◆ 练习 4 ◆ 完成如图 2-132 所示零件的加工，桨片根部最大允许加工圆角 R3。

毛坯 φ50mm×100mm，材料硬铝，数量 1 件。

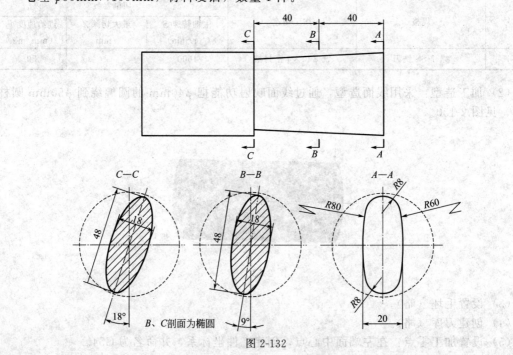

图 2-132

参考工艺过程：

（1）分析图纸、查验毛坯，确定加工内容。而后确定装夹方案、刀具表，制定工艺过程卡（表 2-48 和表 2-49）。

表 2-48

工步	操作名称	加工内容	刀具	加工余量		装夹方案
				侧壁	底面	
1	1—四轴平切面加工 2—四轴平切面加工	粗铣桨片 精铣桨片	T1 T1	0 0	0.2 0	三爪卡盘

表 2-49

刀号	规格	加工用途	切削参数		
			主轴转速 S /(r/min)	最大切深 Z /mm	进给速度 F /(mm/min)
T1	$\phi6$ HSS 球铣刀	粗、精铣桨片	1600	8	300

（2）加工造型：采用曲面造型，同时做一个修剪平面，修剪掉一个刀具半径的长度，用于实际加工，见图 2-133。

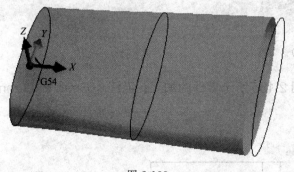

图 2-133

（3）设置毛坯（略）。

（4）创建刀库（略）。

（5）设置加工零点：在左端面中心点，创建工件坐标系，并命名为 G54。

（6）工步 1：创建 "1—四轴平切面加工" 操作。

① 选择刀具：T1。

② 切削参数：主轴转速　　$S1600$；
　　　　　　　切削速度　　$F50$。

③ 加工参数：

加工坐标系:G54;   走刀方式:往复;
旋 转 轴:X 轴;   加工余量:0.2。
行距方式:环切(行距 1.5);

④ 生成轨迹（图 2-134）。

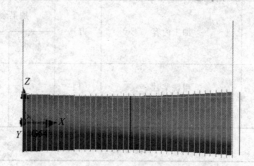

图 2-134

(7) 工步 2：创建"2—四轴平切面加工"操作。
① 选择刀具：T1。
② 切削参数：主轴转速   S1600；
            切削速度   F50。
③ 加工参数：

加工坐标系:G54;   走刀方式:往复;
旋 转 轴:X 轴;   加工余量:0。
行距方式:环切(行距 1.5);

④ 生成轨迹。
(8) 后处理（略）。

✥ 练习5 ✥ 完成如图 2-135 所示零件的加工，毛坯 ϕ63mm×100mm，材料 45 钢，数量
1件。

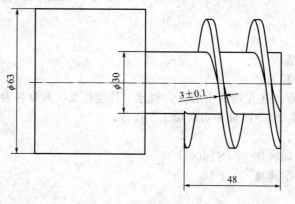

图 2-135

练习 6 完成如图 2-136 所示零件的加工，毛坯 ϕ100mm × 100mm，材料 45 钢，数量 1 件。

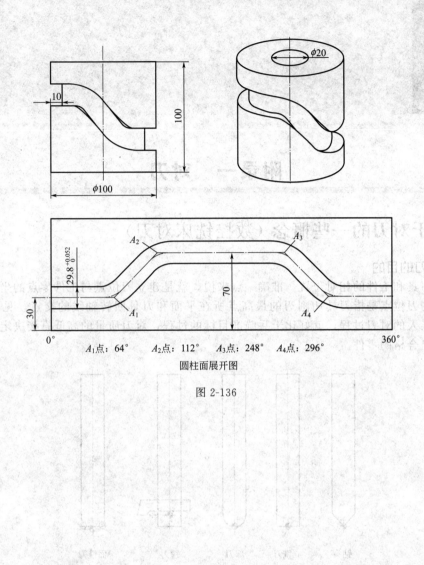

A_1点：64° A_2点：112° A_3点：248° A_4点：296°

圆柱面展开图

图 2-136

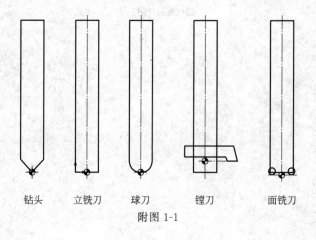

附 录

附录一　对刀

一、关于对刀的一些概念（数控铣床对刀）

1. 对刀的目的

确定刀具和工件的相对位置。准确一点来说，就是建立刀位点与工件零点的坐标位置关系。这里的刀位点是指刀具切削刃的最高点所在平面和刀具回转轴线的交点，见附图 1-1。数控技术工人的对刀过程，就好比士兵瞄准目标的过程，对刀质量的高低直接决定数控机床能否加工出合格的零件。

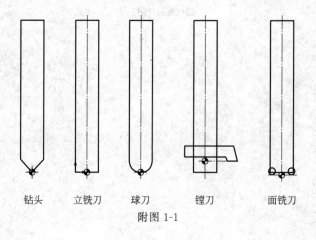

| 钻头 | 立铣刀 | 球刀 | 镗刀 | 面铣刀 |

附图 1-1

2. 对刀数据的处理

在数控铣床上，有两个位置来存储对刀获得的数据，分别是工件坐标系偏置（附图 1-2）和刀具长度补偿寄存器（附图 1-3）。根据对刀方法的不同，在工件坐标偏置和长度补偿寄存器中写入的数据也是不一样的。

3. 对刀原理

在讲对刀方法之前，引入一个概念，我们暂且称之为"机床控制点"。在 3 轴数控铣床上，一般指主轴端面与主轴轴线的交点，见附图 1-4。可以这样理解，通过返参建立机床坐标系后，在机床坐标系中显示的坐标值，就是"机床控制点"在机床坐标系中的位置。

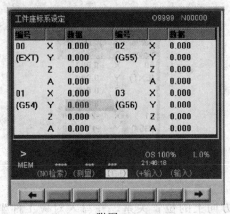

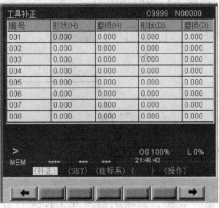

附图 1-2　　　　　　　　　　　　　　　　　附图 1-3

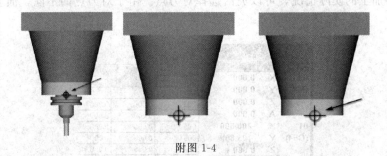

附图 1-4

对刀的原理，就是让机床控制点和工件零点重合，机床坐标系中显示的坐标位置即工件系零点的位置，见附图 1-5。如果采用绝刀长对刀方式，就可以把机床坐标中的 X、Y、Z 坐标值，直接写入到对应的工件坐标系中；如果采用其他的对刀方式，则仅把机床坐标系中的 X、Y 坐标值，写入到对应的工件坐标系中。

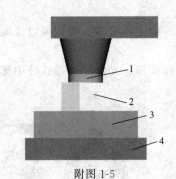

附图 1-5
1—主轴；2—工件；3—夹具；4—工作台

二、对刀

1. 对刀过程

在实际操作中，对刀通常分两个阶段。

第一阶段：测量工件零点在机床坐标系中的 X、Y 坐标位置，并写入对应工件坐标系偏置的 X、Y 位置。例如：在附图 1-6 中，根据测出的数据，填入对应的工件坐标系（例如

G54）偏置中，见附图1-7。

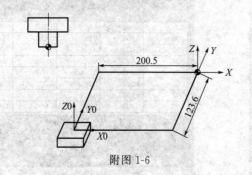

附图1-6

附图1-7

第二阶段：测量刀位点和工件零点在 Z 坐标方向上的位置关系，并写入对应工件坐标系偏置的 Z 坐标轴位置和对应刀具的长度补偿寄存器中，见附图1-8。在对刀的第二个步骤中，根据零件加工的实际情况，可以灵活选择对刀点。由于对刀点的不同，演变出很多种对刀方法。

工件座标系设定

编号		数据
00	X	0.000
(EXT)	Y	0.000
	Z	0.000
	A	0.000
01	X	-200.500
(G54)	Y	-123.600
	Z	0.000
	A	0.000

工具补正

编号	形状(H)	磨损(H)
001	0.000	0.000
002	0.000	0.000
003	0.000	0.000
004	0.000	0.000
005	0.000	0.000
008	0.000	0.000
007	0.000	0.000
008	0.000	0.000

附图1-8

特别提示：在这里所说的用于划分对刀方法的对刀点，仅指 Z 坐标方向上的对刀点。在后面的叙述中，对刀点都是指 Z 轴方向的对刀点。

2. 第一阶段的对刀方法

根据工件的形状、加工内容、加工精度等，我们可以采取不同的对刀工具、对刀方法来完成第一阶段的对刀任务。

常见的对刀工具有立铣刀、标准棒、光电寻边器、分中棒、百分表、杠杆百分表、红外测头等，见附图1-9。

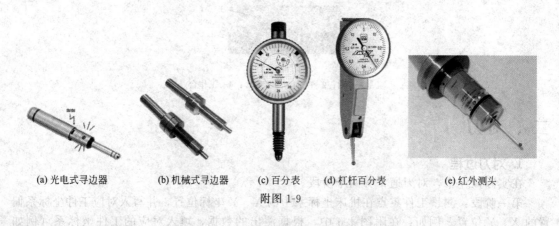

(a) 光电式寻边器　　(b) 机械式寻边器　　(c) 百分表　　(d) 杠杆百分表　　(e) 红外测头

附图1-9

常见的对刀方法有：试切削对刀、寻边器对刀、对刀棒对刀、百分表对刀、目测对刀。每种对刀方法又可以采用不同策略，例如：单边对刀、取中对刀、模孔心对刀等。对于高档机床则采用红外测头，配合对刀循环指令（定制的用户宏程序），进行自动对刀。

:练习 1: 完成垫块零件的对刀。零件图和毛坯图见附图 1-10。

毛坯采用虎钳装夹，工件露出钳口的高度为 15mm。

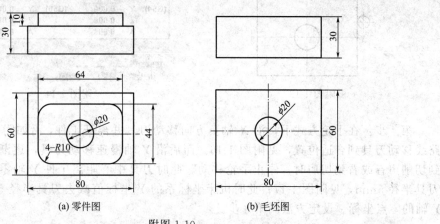

(a) 零件图　　　　　　　　(b) 毛坯图

附图 1-10

任务 1：工件零点设在上表面左上角（附图 1-11），采用 ϕ10mm 铣刀试切削对刀。

由于毛坯的四周有 8mm 左右的加工余量，所以试切削后留下的对刀痕迹会在粗加工后去掉。试切削对刀适合精度要求不高的毛坯件。

第 1 步：首先主轴安装 ϕ10mm 铣刀，启动主轴（M3S800）。

第 2 步：移动刀具到工件左侧，距离工件保持一定的安全距离，见附图 1-12。

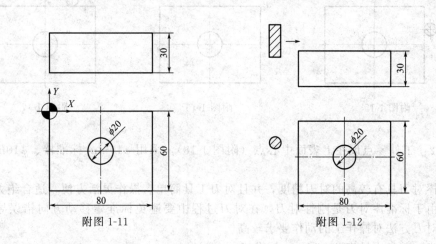

附图 1-11　　　　　　　　附图 1-12

第 3 步：在手轮操作方式下，慢速移动刀具，逐渐靠近工件，当听到切削声音或看到切屑时，停止手轮移动。此时刀具中心距离工件 X 轴零点的距离是一个刀具半径 5mm，见附图 1-13；此时机床坐标系的 X 坐标值加上刀具半径 5，即工件坐标系 X 轴的零点坐标。如果系统提供了更快捷的对刀测量功能，则可以提高对刀速度，减少人为失误。例如：在 FANUC-0i 系统，把光标移至 G54 的 X 坐标处，在屏幕左下角输入"X$-$5"，按屏幕下方的软键"测量"，即可完成 G54 的 X 轴设定，见附图 1-14。

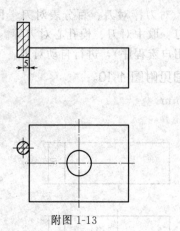

附图 1-13

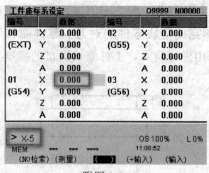

附图 1-14

第 4 步：在手轮方式下，沿 X 轴负方向移动刀具并离开工件，沿如附图 1-15 中所示的路线移动刀具到合适位置，见附图 1-16。而后沿 Y 轴慢速移动刀具，逐渐靠近工件，当听到切削声音或看到切屑时，停止手轮移动。此时刀具中心距离工件 Y 轴零点的距离是一个刀具半径 5mm，见附图 1-17；此时机床坐标系的 Y 坐标值减去刀具半径 5，即工件坐标系 Y 轴的零点坐标。设定方法同第 3 步。

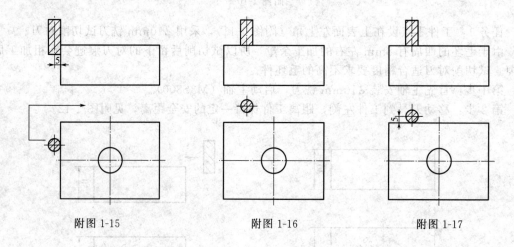

附图 1-15　　　　　　　　　附图 1-16　　　　　　　　　附图 1-17

任务 2：工件零点设在上表面中心点（附图 1-18），采用 ϕ10mm 标准棒、ϕ10mm 对刀棒对刀。

标准棒对刀具有较高的对刀精度，并且对刀工具简单、操作灵活方便，适合绝大多数加工情况。由于标准棒对刀是刚性对刀，在对刀过程中要避免标准棒移动方向错误导致的事故。这种对刀方法对操作工的动作要求较高。

第 1 步：首先主轴安装 ϕ10mm 标准棒。

第 2 步：移动标准棒到工件左侧，距离工件的距离小于对刀棒直径（附图 1-19）。

第 3 步：在手轮操作方式下，把对刀棒放到标准棒与工件之间，反向慢速移动标准棒，并逐渐远离工件，当对刀棒刚好从标准棒和工件之间通过时，停止手轮移动，见附图 1-20。对于 FANUC-0i 系统，相对坐标系的 X 轴清零。

第 4 步：拿走对刀棒，移动标准棒到工件右侧，距离工件的距离小于对刀棒直径，见附图 1-21。

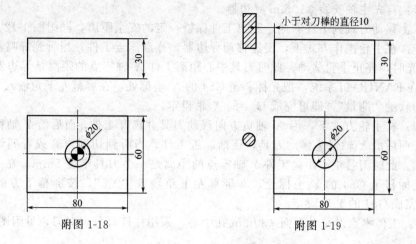

附图 1-18　　　　　　　　　　　　　　附图 1-19

第 5 步：在手轮操作方式下，把对刀棒放到标准棒与工件之间，反向慢速移动标准棒，并逐渐远离工件，当对刀棒刚好从标准棒和工件之间通过时，停止手轮移动，见附图 1-22。对于 FANUC-0i 系统，把相对坐标系 X 轴的数值除以 2（记住正负号），把光标移至 G54 的 X 坐标处，在屏幕左下角依次输入"X""计算得到的数值"，按屏幕下方的软键"测量"，即可完成 G54 的 X 轴设定。

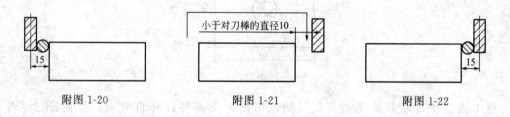

附图 1-20　　　　　　　　　　附图 1-21　　　　　　　　　　附图 1-22

任务 3：工件零点设在上表面右下角点，采用 $\phi 10$mm 光电寻边器（前端钢球的直径）对刀，见附图 1-23。

寻边器对刀同样具有操作灵活方便，对刀精度高的特点。寻边器对刀属于柔性对刀，寻边器顶端的钢球具有一定的伸缩量，并通过声音或光来判断寻边器和工件的接触情况。采用这种对刀方法，可以在机床门关闭的情况下实现对刀，具有较高的安全性。缺点是不能用于尼龙等不导电材料的对刀。

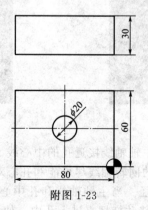

附图 1-23

第 1 步：首先主轴安装 φ10mm 寻边器。

第 2 步：移动刀具到工件右侧，距离工件保持一定的安全距离，同附图 1-12。

第 3 步：在手轮操作方式下，慢速移动寻边器，逐渐靠近工件，当听到蜂鸣器声音或看到 LED 灯光时，停止手轮移动。此时刀具中心距离工件 X 轴零点的距离是寻边器钢球的半径 5mm。在 FANUC-0i 系统，把光标移至 G54 的 X 坐标处，在屏幕左下角输入"X5"，按屏幕下方的软键"测量"，即可完成 G54 的 X 轴设定。

第 4 步：在手轮方式下，沿 X 轴负方向移动刀具并离开工件，而后沿 Y 轴移动刀具到合适位置。而后沿 Y 轴慢速移动刀具，逐渐靠近工件，当听到切削声音或看到切屑时，停止手轮移动。此时刀具中心距离工件 Y 轴零点的距离是一个刀具半径 5mm。在 FANUC-0i 系统，把光标移至 G54 的 Y 坐标处，在屏幕左下角输入"X5"，按屏幕下方的软键"测量"，即可完成 G54 的 Y 轴设定。

任务 4：工件零点设在上表面 φ30mm 孔中心，采用杠杆百分表对刀，见附图 1-24。

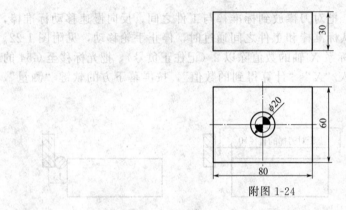

附图 1-24

第 1 步：在主轴上安装钻夹头刀柄，用钻夹头夹持杠杆百分表，见附图 1-25。对于较大的孔，可以在磁力表座上安装杠杆百分表，并把磁力表座吸附在主轴上，见附图 1-26。

附图 1-25

附图 1-26

第 2 步：移动主轴，目测使主轴轴线接近孔的中心线。当杠杆表接近孔口后，用手扳动主轴，使主轴回转，调整杠杆表的回转轴线尽可能和孔心对齐。同时调节杠杆表的触头，使杠杆表的回转直径稍大于孔的直径。当主轴轴线和孔中心线的误差，小于杠杆表的伸缩量后，用手压下杠杆表头，沿 Z 轴移动杠杆表进入孔内，使杠杆表测头和孔侧壁接触。在 X、

Y 轴方向调整杠杆表的位置，当我们扳动主轴，杠杆表的指针不再晃动时，主轴轴线和孔中心线已经重合，见附图 1-27。沿 Z 轴方向退出杠杆表。

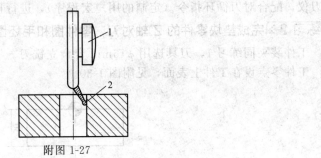

附图 1-27
1—杠杆表指针盘；2—杠杆表测头

3. 第二阶段的对刀方法

从理论上来说，Z 向对刀可分为相对对刀和绝对对刀，见附图 1-28。所谓的相对对刀，都是直接或间接地测量刀具长度补偿，刀具长度补偿仅在当前机床有效，不具有通用性；绝对对刀，则是直接测量刀具长度和工件坐标系的 Z 向偏置，刀具长度可以在光学对刀仪上测量，刀长基准点就是"机床控制点"，刀具长度在不同的机床具有通用性。

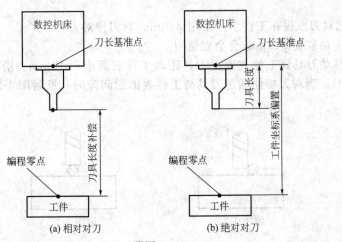

附图 1-28

常见的 Z 轴对刀工具有对刀棒、Z 轴设定仪、百分表、杠杆百分表、光学对刀仪、红外测头、机内对刀仪等，见附图 1-29。

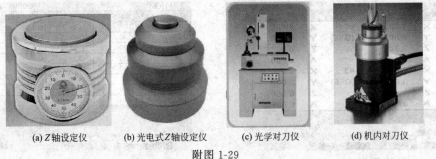

(a) Z 轴设定仪　　(b) 光电式 Z 轴设定仪　　(c) 光学对刀仪　　(d) 机内对刀仪

附图 1-29

根据对刀点的不同，可分为工件表面对刀、工作台对刀、绝对对刀。根据对刀工具的不同，可分为试切削对刀、对刀棒对刀、百分表对刀、目测对刀等。对于高档机床则采用机内对刀仪，配合对刀循环指令（定制的用户宏程序），进行自动对刀。

练习2 完成垫块零件的 Z 轴对刀，零件图和毛坯图见附图 1-10。

工件装夹同练习 1，刀具选用 φ16mm 合金立铣刀。

工件零点设在工件上表面，见附图 1-30。

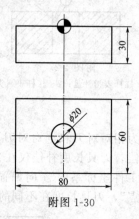

附图 1-30

任务 1：把对刀点设在工件上，采用 φ10mm 对刀棒对刀。

第 1 步：主轴装夹 φ16mm 合金立铣刀。

第 2 步：移动刀具到工件表面上方，距离工件表面小于 10mm。沿 Z 轴正方向移动刀具，见附图 1-31。当对刀棒能通过刀具与工件表面的间隙时，见附图 1-32。停止移动刀具，并拿走对刀棒。

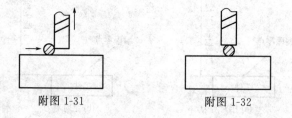

附图 1-31   附图 1-32

第 3 步：对于 FANUC-0i 系统，把光标移至 G54 的 Z 坐标处，在屏幕左下角输入 "Z10"，按屏幕下方的软键"测量"，即可完成 G54 的 Z 轴设定，见附图 1-33。在刀具长度补偿界面，所有的刀具参数都设成 0，见附图 1-34。

工件座标系设定			O9999	N00000
编号		数据	编号		数据
00	X	0.000	02	X	0.000
(EXT)	Y	0.000	(G55)	Y	0.000
	Z	0.000		Z	0.000
	A	0.000		A	0.000
01	X	0.000	03	X	0.000
(G54)	Y	0.000	(G56)	Y	0.000
	Z	0.000		Z	0.000
	A	0.000		A	0.000

> Z10

MEM   ***   ***   ****   17:26:35
(NO检索)（测量）（   ）（+输入）（输入）

附图 1-33

工具补正				O9999 N00000
编号	形状(H)	磨损(H)	形状(D)	磨损(D)
001	0.000	0.000	5.000	0.000
002	0.000	0.000	0.000	0.000
003	0.000	0.000	0.000	0.000
004	0.000	0.000	0.000	0.000
005	0.000	0.000	0.000	0.000
006	0.000	0.000	0.000	0.000
007	0.000	0.000	0.000	0.000
008	0.000	0.000	0.000	0.000

>

MEM   ***   ***   ****   17:28:14
（补正）（SET）（座标系）（   ）（操作）

附图 1-34

提示：编程时，在 Z 坐标指令后面，不调用刀具长度补偿 G43H 指令，参考下面程序 O1。

O1	Z5
G90 G00 G54 X0 Y0	……
M3 S500	M30
Z100	

任务 2：把对刀点设在工作台表面，采用 Z 轴设定仪、百分表对刀。

第 1 步：用百分表测量工件坐标系 Z 轴设定值，见附图 1-35。

主轴吸附已经安装百分表的磁力表座，百分表测头触压工作台表面，当百分表指针刚好指向 0 时，相对坐标系 Z 轴清零。再用百分表测头触压工件表面（工件坐标系的 $Z0$ 面），当指针再次指向刻度 0 时，读出此时相对坐标系的 Z 值，并输入对应工件坐标（例如 G54）的 Z 坐标。

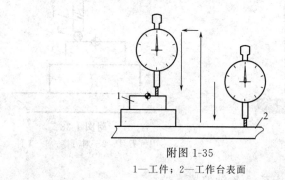

附图 1-35
1—工件；2—工作台表面

第 2 步：用 Z 轴设定仪测量刀具相对于工作台表面的长度补偿，见附图 1-36。

首先矫正 Z 轴设定仪，用一个标准块放到 Z 轴设定仪表面，调整 Z 轴设定仪表盘，使指针指向刻度 0。一般情况下，Z 轴设定仪的高度为 50，可用千分尺校验。

把 Z 轴设定仪放置到工作台表面。用刀尖触压 Z 轴设定仪中间的圆柱表面，当表盘刻度指向 0 时，机床坐标系的 Z 坐标值减去对刀仪的厚度，即：当前刀具的长度补偿。依次对完所有的刀具，并输入对应的刀具补偿表中。

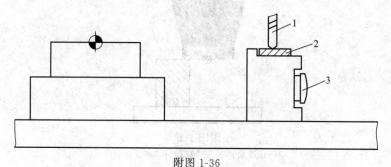

附图 1-36
1—刀具；2—对刀仪的测头（中间圆柱部分）；3—表盘

延伸：采用这种对刀方法时，如果刀具较短，或由于夹具或工件干涉，不能完成对刀时，可在工作台某个角落安装一个专门用来对刀的标准块，把对刀块的表面作为对刀点即可。当然，也可在工装夹具上选择一个平面，作为对刀点。对于高档机床，通常会安装一个光电对刀装置替代对刀垫块，实现自动对刀。

任务3：把对刀点设在主轴端面中心点，采用百分表、光学对刀仪对刀。此时对刀点、机床控制点、刀长基准点重合。这就是通常所说的绝对对刀，其他的对刀方法则属于相对对刀。

第1步：用对刀仪测刀具长度。

打开光学对刀仪，用基准验棒矫正光学对刀仪，见附图1-37。把刀柄放入对刀仪，目测刀尖和十字线的水平线对齐，读出光学对刀仪显示的数值。把数值输入对应的刀具补偿表中。

第2步：这里有两种方案可以完成工件坐标系 Z 轴的设定。

（1）用已知道长度的刀具（由对刀仪测量）测量工件坐标系的 Z 轴偏置。

在刀尖和工件 $Z0$ 面之间放置 $\phi 10mm$ 对刀棒，此时机床坐标系的 Z 坐标值减去刀具长度，得到的数值输入对应的工件坐标系（例如 G54）的 Z 坐标（附图1-38）。

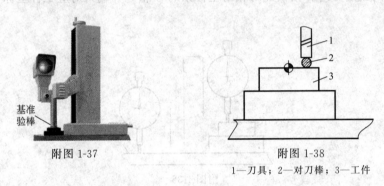

附图1-37　　　　　　　　　　　　附图1-38

1—刀具；2—对刀棒；3—工件

（2）用百分表测量工件坐标系的 Z 轴偏置。

事先测量工作台表面在机床坐标系下的 Z 坐标值。在工作台上放置已知高度的标准块（相当于对刀块），而后用主轴端面接触标准块表面，见附图1-39。此时的机床坐标系 Z 值，减去标准块的高度，即工作台表面在机床坐标系下的 Z 坐标值，把此数值记录后，以后需要时，直接调用。

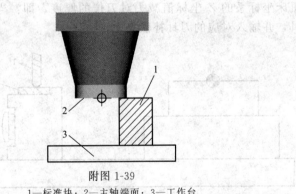

附图1-39

1—标准块；2—主轴端面；3—工作台

测量工作台表面到工件零点的高度，并和工作台表面在机床坐标系下的 Z 值相加，得到的数值输入对应的工件坐标系（例如 G54）的 Z 坐标。测量方法参考附图1-35。

4. 第一阶段(X轴、Y轴)的对刀精度

（1）使用寻边器、分中棒等工具对刀。

由于刀具系统的装夹误差、对刀工具本身的误差，都会影响最终的对刀精度。通常用百

分表（或千分表）检测对刀工具的精度，在主轴上装夹对刀工具，用百分表测量对刀工具工作部位的回转跳动，当跳动超出我们需要的对刀精度时，我们只能采购精度更高的对刀工具。

（2）使用百分表、杠杆表对刀。

我们可以通过在机床上装夹一个已知直径的高精度环规，用杠杆表测量孔心坐标，再用杠杆表测量孔的侧壁到零件基准面距离的方法，完成准确对刀。

5. 第二阶段（Z 轴）的对刀精度

（1）零件表面的平面度对对刀精度的影响，例如工件装夹后由于装夹变形，造成工件表面与工作台表面不平行。解决办法：重新装夹工件，使零件表面与工作台平行；对于有加工余量的零件表面，则直接铣一刀，使零件表面与工作台表面平行。

（2）对刀工具表面的平面度对对刀精度影响，例如 Z 轴设定仪器的表面与工作台表面不平行。解决办法：寻找合适的平面用于放置 Z 轴设定仪。

（3）大直径刀具的刀尖不在一个平面，或刀尖平面与工作台表面不平行。解决方法：就是找到最高的刀尖，用于对刀。

（4）对于深度（Z 轴方向）公差较小的零件，通常都是通过试切的方法校准 Z 轴对刀精度。

附录二　技能竞赛样题

〘 练习 1 〙完成如附图 2-1 所示零件的加工，毛坯 ϕ120mm×52mm，材料 45 钢，数量 1 件。

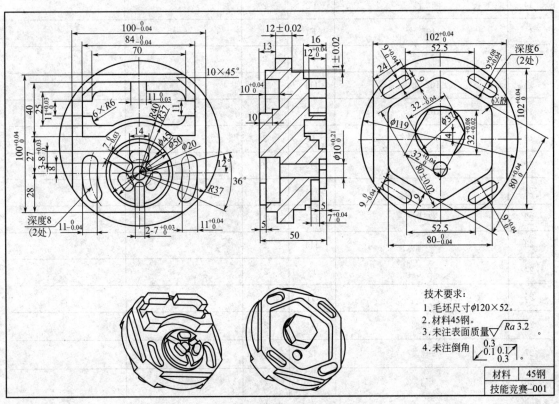

附图 2-1

1. 评分标准（附表 2-1）

附表 2-1

序号	尺寸	位置	配分	实测	得分
1	$100^{+0.04}_{0}$	A3	2		
2	$100^{0}_{-0.04}$	C1	2		
3	$84^{0}_{-0.04}$	C1	2		
4	$11^{+0.03}_{0}$	A3	2		
5	$11^{0}_{-0.03}$	C2	2		
6	$3\times8^{+0.03}_{0}$	A4	2		
7	$11^{+0.04}_{0}$	D5	2		
8	$11^{0}_{-0.04}$	B5	2		
9	$7^{0}_{-0.03}$	B3	2		
10	$2\times7^{+0.03}_{0}$	C5	2		
11	$12^{+0.02}_{-0.02}$	E1	2		
12	$12^{+0.04}_{0}$	F2	2		
13	$10^{+0.04}_{0}$	E2	2		
14	$1^{+0.02}_{-0.02}$	F2	2		
15	$\phi10^{+0.021}_{0}$	F4	2		
16	$7^{+0.04}_{0}$	F5	2		
17	$102^{+0.04}_{0}$	H1	2		
18	$102^{+0.04}_{0}$	J3	2		
19	$80^{+0.04}_{0}$	J4	2		
20	$80^{0}_{-0.04}$	H5	2		
21	$80^{+0.02}_{-0.02}$	H4	2		
22	$32^{+0.04}_{0}$	H4	2		
23	$32^{0}_{-0.04}$	H3	2		
24	$32^{+0.08}_{-0.04}$	I3	2		
25	$9^{+0.04}_{0}$	G1	2		
26	$9^{0}_{-0.04}$	G4	2		
27	$9^{+0.08}_{+0.04}$	I2	2		
28	$9^{+0.04}_{0}$	J5	2		

序号	尺寸	位置	配分	实测	得分
主要尺寸 56 分					
1	70	C1	2		
2	11	D2	2		
3	40	A2	2		
4	25	A2	2		
5	8	A5	2		
6	14	C3	2		
7	ϕ45	C3	2		
8	ϕ50	C3	2		
9	13	E1	2		
10	16	F1	2		
11	10	E3	2		
12	5	E5	2		
13	5	F4	2		
14	50	F5	2		
15	9	H2	2		
16	ϕ119	G3	2		
17	ϕ37	I2	2		
18	6	J2	2		
19	24	G2	2		
20	6×R9	I3	2		
21	6×R6	B2	2		
22	28	A4	2		
次要尺寸（±0.1）44 分					
总计 100 分					

2. 时间分配

看图时间：　　　　15min。

编程时间：　　　　2h15min。

装夹工件刀具：　　15min。

机床加工时间：　　3h。

3. 考核内容

　　(1) 快速绘图技巧。

　　(2) 粗加工效率。

　　(3) 尺寸精度的保证。

　　(4) 表面质量的保证。

　　(5) 位置精度的保证。

练习2 完成如附图 2-2 所示零件的加工，毛坯 φ120mm × 52mm，材料硬铝，数量1 件。

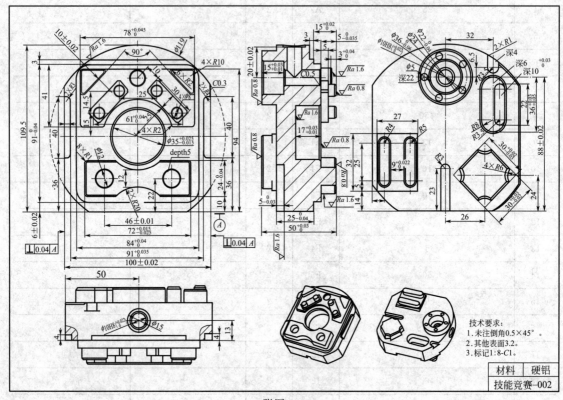

附图 2-2

1. 评分表（附表 2-2）

附表 2-2

序号	尺寸	位置	配分	实测	得分
1	$100^{+0.02}_{-0.02}$	F3	1		
2	$91^{+0.035}_{0}$	F3	0.75		
3	$84^{+0.04}_{0}$	E3	1		
4	$78^{+0.045}_{0}$	A3	0.75		
5	$72^{+0.015}_{-0.025}$	E3	1		
6	$24^{0}_{-0.04}$	D5	0.75		

｜ CAXA 制造工程师技能训练实例及要点分析

序号	尺寸	位置	配分	实测	得分
7	$10^{+0.02}_{-0.02}$	A2	1		
8	$61^{+0.04}_{0}$	C3	0.75		
9	$6^{+0.02}_{-0.02}$	E1	1		
10	$91^{0}_{-0.04}$	C1	1		
11	$2\times\phi12^{+0.01}_{-0.02}$	C3	1		
12	$15^{+0.02}_{0}$	A8	1		
13	$5^{0}_{-0.035}$	A7	1		
14	$3^{+0.04}_{0}$	B8	0.5		
15	$17^{+0.03}_{-0.01}$	C7	1		
16	$\phi35^{+0.025}_{-0.015}$	C8	1		
17	$46^{+0.01}_{-0.01}$	E3	0.5		
18	$30^{+0.01}_{-0.03}$	D11	1		
19	$30^{+0.03}_{-0.01}$	D11	1		
20	$9^{+0.022}_{0}$	D9	1		
21	$36^{+0.035}_{-0.005}$	B8	0.75		
22	$8^{+0.018}_{0}$	B8	1		
23	$\phi10^{+0.022}_{0}$	B9	1		
24	$\phi36^{0}_{-0.04}$	B9	1		
25	$\phi22^{0}_{-0.04}$	B9	1		
26	$6^{+0.03}_{0}$	B12	1		
27	$15^{+0.03}_{+0.01}$	B6	1		
28	$5^{0}_{-0.03}$	E6	0.75		
29	$10^{+0.022}_{0}$	E6	1		
30	$20^{+0.02}_{-0.02}$	B6	1		
31	$\phi10^{+0.022}_{0}$	B6	1		
32	$88^{+0.02}_{-0.02}$	C12	1		
33	$25^{0}_{-0.04}$	E7	1.5		
主要尺寸 31 分					
1	5	B7	0.25		
2	3	B1	0.25		

序号	尺寸	位置	配分	实测	得分
3	3	A7	0.25		
4	8×C1	C2	0.25		
5	6×R2	C2	0.25		
6	4×R10	B5	0.25		
7	8×R1	D4	0.25		
8	2×R3	B2	0.25		
9	2×R4	B5	0.25		
10	25	B3	0.25		
11	17.5	B3	0.25		
12	14.5	C2	0.25		
13	90°	B3	0.25		
14	30	B4	0.25		
15	10	C4	0.25		
16	23.5	E4	0.25		
17	36	D5	0.25		
18	40	C5	0.25		
19	11.5	E5	0.25		
20	36	D2	0.25		
21	40	C2	0.25		
22	94	C5	0.25		
23	$\phi119$	B2	0.25		
24	$\phi15$	G3	0.25		
25	50	G3	0.25		
26	$5×\phi5$	B9	0.25		
27	22	B9	0.25		
28	20	D8	0.25		
29	35	D8	0.125		
30	8	D9	0.125		
31	R4	C8	0.125		

CAXA 制造工程师技能训练**实例及要点分析**

序号	尺寸	位置	配分	实测	得分
32	28	D10	0.25		
33	$R3$	D10	0.125		
34	26	E10	0.25		
35	24	D12	0.25		
36	$4 \times R6$	D11	0.25		
37	$R3.5$	C11	0.25		
38	$R8$	C11	0.25		
39	27	C12	0.25		
40	10	B12	0.25		
41	$2 \times R1$	B11	0.25		
42	$R3.5$	B11	0.25		
43	4	B11	0.25		
44	6.5	B11	0.25		
45	32	A10	0.25		
46	$\phi 29$	B9	0.25		
次要尺寸					
1	垂直度 基准 $A0.04$	E1	2		
2	表面粗糙度 3.2(未注部位)		2		
3	表面粗糙度 3.2	C6	0.5		
4	表面粗糙度 1.6	C8	0.5		
5	表面粗糙度 3.2	B7	0.5		
6	表面粗糙度 3.2	A8	0.5		
7	未注倒角 $C0.5$		2		
8	表面质量及位置度8分				

2. 时间分配

看图时间：　　　　15min。

编程时间：　　　　1h15min。

装夹工件刀具：　　15min。

机床加工时间：　　2.5h。

完成如附图 2-3 所示零件的加工，毛坯尺寸为 100mm × 100mm × 50mm，材料 2AL2 钢，数量 1 件。

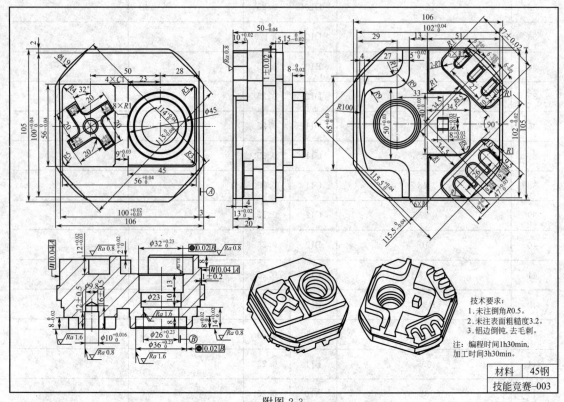

附图 2-3

1. 评分表（附表 2-3）

附表 2-3

序号	尺寸要求	位置	配分	实测结果	得分
1	$100^{+0.04}_{0}$	C1	0.75		
2	$56^{0}_{-0.04}$	C1	0.75		
3	$8^{0}_{-0.03}$	C2	0.75		
4	$8^{+0.01}_{-0.02}$	C2	0.75		
5	$8^{+0.03}_{0}$	C3	0.75		
6	$8^{+0.02}_{-0.01}$	C3	0.75		
7	$9^{+0.03}_{0}$	C3	0.75		
8	$115^{+0.04}_{0}$	C4	0.75		
9	$115^{0}_{-0.04}$	C4	0.75		
10	$96^{+0.04}_{0}$	D4	0.75		
11	$100^{+0.01}_{-0.03}$	D3	0.75		

序号	尺寸要求	位置	配分	实测结果	得分
12	$50_{-0.04}^{0}$	A6	0.75		
13	$10_{0}^{+0.02}$	A6	0.75		
14	$15_{-0.02}^{0}$	A7	0.75		
15	$1_{-0.02}^{+0.02}$	B6	0.75		
16	$8_{-0.02}^{0}$	B7	0.75		
17	$13_{0}^{+0.02}$	E6	0.75		
18	$12_{+0.01}^{+0.03}$	E2	0.75		
19	$2_{0}^{+0.02}$	E3	0.75		
20	$\phi 32_{-0.025}^{0}$	E4	0.75		
21	$1_{-0.02}^{+0.02}$	F5	0.75		
22	$14_{0}^{+0.02}$	F5	0.75		
23	$8_{0}^{+0.02}$	G5	0.75		
24	$\phi 26_{0}^{+0.021}$	G4	0.75		
25	$\phi 36_{0}^{+0.021}$	G4	0.75		
26	$\phi 10_{0}^{+0.018}$	G3	0.75		
27	$8_{-0.02}^{0}$	G2	0.75		
28	$102_{0}^{+0.04}$	A10	0.75		
29	$47_{-0.02}^{+0.02}$	A11	0.75		
30	$6_{0}^{+0.03}$	A11	0.75		
31	$6_{-0.01}^{+0.02}$	B11	0.75		
32	$6_{-0.03}^{0}$	B11	0.75		
33	$5_{0}^{+0.03}$	B9	0.75		
34	$65_{0}^{+0.03}$	C8	0.75		
35	$50_{0}^{+0.03}$	C9	0.75		
36	$42_{0}^{+0.035}$	C10	0.75		
37	$8_{-0.01}^{+0.03}$	C10	0.75		
38	$8_{-0.03}^{+0.01}$	C10	0.75		
39	$102_{-0.04}^{0}$	C11	0.75		
40	$115.5_{0}^{+0.04}$	D9	0.75		

序号	尺寸要求	位置	配分	实测结果	得分
41	$115.5_{-0.04}^{0}$	E9	0.75		
42	$9_{0}^{+0.03}$	D11	0.75		
43	$9_{-0.03}^{0}$	D11	0.75		
44	$9_{-0.01}^{+0.02}$	D11	0.75		
主要尺寸(33分)					
1	105	C1	0.25		
2	2	A1	0.25		
3	$\phi119$	B2	0.25		
4	$R5$	D2	0.125		
5	$R4$	B2	0.125		
6	$R3$	B4	0.125		
7	$R3$	C4	0.125		
8	106	E3	0.25		
9	3	D4	0.25		
10	49	D4	0.25		
11	20	C2	0.25		
12	32°	B2	0.25		
13	$4\times C1$	B3	0.25		
14	23	B3	0.25		
15	50	B3	0.25		
16	28	B4	0.25		
17	12 ± 0.5	F2	0.125		
18	$\phi9.8$	F2	0.125		
19	16 ± 0.5	F2	0.25		
20	8	F4	0.25		
21	$\phi29$	F4	0.25		
22	10	F4	0.25		
23	13	F4	0.25		
24	4	D6	0.25		
25	20	E6	0.25		
26	106	A10	0.25		

序号	尺寸要求	位置	配分	实测结果	得分
27	29	A9	0.25		
28	13	A9	0.25		
29	51	A10	0.25		
30	4	B8	0.25		
31	27	B9	0.25		
32	$R11$	B9	0.25		
33	$R9$	B9	0.25		
34	$R9$	C9	0.25		
35	$R100$	C8	0.25		
36	33	C9	0.25		
37	$6\times R1$	D9	0.25		
38	$4\times R1$	B10	0.25		
39	$6\times R1$	B10	0.25		
40	$2\times R7$	B10	0.25		
41	27	B11	0.25		
42	10.5	C11	0.25		
43	10	C11	0.25		
44	$2\times R8.5$	C10	0.25		
45	34.5	C10	0.25		
46	30.5	C10	0.25		
47	34.5	D10	0.25		
48	11	D11	0.25		
49	$2\times R1$	D11	0.25		
50	9.5	D11	0.25		
51	26	D11	0.25		
52	8	E5	0.25		
53	$\phi45$	C5	0.25		
54	$R4.5$	C2	0.25		
55	$8\times R1$	B3	0.25		
次要尺寸(11.1 分)					
1	A		3.75		
2	B		3		

序号	尺寸要求	位置	配分	实测结果	得分
3	C		2.25		
4	D		1.5		
5	E		0.75		
工件表面质量(3.75)					
1	倒角	10 处	2		
2	外观 切 0.5/处 划 0.2/处		0.75		
3	完成程度		0.75		
与图纸的一致性(3)					

2. 时间分配

看图时间：　　　　　15min。

编程时间：　　　　　1h15min。

装夹工件刀具：　　　15min。

机床加工时间：　　　2.5h。

⁖ 练习 4 ⁖ 完成如附图 2-4 所示零件的加工，毛坯 100mm × 100mm × 50mm，材料 2AL2，数量 1 件。

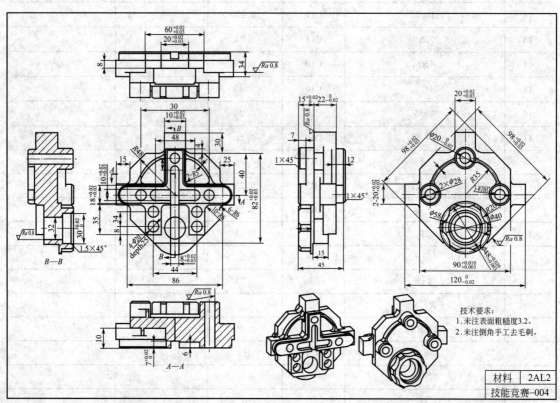

附图 2-4

材料	2AL2
技能竞赛-004	

1. 评分表（附表 2-4）

序号	尺寸要求	位置	配分	学生实测	教师测量	三坐标测量	得分
主要尺寸（60 分）							
1	$18^{+0.015}_{-0.01}$	C3	3				
2	$10^{-0.03}_{-0.01}$	C3	3				
3	$18^{-0.02}_{-0.04}$	B4	3				
4	$83^{+0.03}_{0}$	B4	3				
5	$60^{+0.02}_{+0.05}$	A4	3				
6	$28^{+0.03}_{+0.05}$	A2	3				
7	$88^{+0.03}_{+0.06}$	C5	3				
8	$8^{+0.02}_{+0.04}$	D4	3				
9	$30^{+0.03}_{0}$	D2	3				
10	$21^{+0.03}_{-0.01}$	A3	3				
11	$15^{+0.02}_{0}$	B6	3				
12	$22^{0}_{-0.02}$	B6	3				
13	$7^{+0.02}_{0}$	B4	3				
14	$2\times20^{+0.01}_{-0.015}$	C7	3				
15	$20^{-0.01}_{-0.03}$	B9	3				
16	$98^{+0.06}_{+0.095}$	C8	2				
17	$98^{-0.06}_{-0.095}$	C10	2				
18	$\phi20^{0}_{-0.02}$	C8	3				
19	$3\times\phi10H7$	C9	3				
20	$90^{-0.07}_{-0.105}$	D9	2				
21	$120^{0}_{-0.03}$	D9	3				
22							
23							
次要尺寸（30 分）							
1	8	A3	1				
2	24	A5	1				
3	70	B4	1				
4	$R40$	C3	1				
5	$6\times R5/10\times R6/6\times R6$	C4	1				

序号	尺寸要求	位置	配分	学生实测	教师测量	三坐标测量	得分
6	20	B5	1				
7	2	C4	1				
8	15	C3	1				
9	7	B6	1				
10	12	C7	1				
11	15	D6	1				
12	45	D6	1				
13	2	C8	1				
14	$\phi50/\phi40$	D8	1				
15	$2\times\phi20$	C8	1				
16	20	E3	1				
17	6	E4	1				
18	22	D2	1				
19	29	D3	1				
20	$4\times\phi10$	D3	1				
21	8	D3	1				
22	14	D3	1				
23	44	D4	1				
24	11	C4	1				
25	40	B4	1				
26	$R35$	C9	1				
27	$R20$	C9	1				
28	29	D2	1				
29	11	C4	1				
30	40	B4	1				
工件表面质量							
1	A	D9	0.8				
2	B	D1	0.8				
3	C	E5	0.8				
4	D	B6	0.8				
5	E	B5	0.8				

序号	尺寸要求	位置	配分	学生实测	教师测量	三坐标测量	得分
			与图纸的一致性				
1	倒角	5 处	2				
2	外观 切 1/处 划 1/处		2				
3	完成程度		2				
	分数						

2. 时间分配

看图时间： 15min。
编程时间： 1h15min。
装夹工件刀具： 15min。
机床加工时间： 2.5h。

练习 5 完成如附图 2-5 所示零件的加工，毛坯 150mm × 100mm × 50mm，材料 45 钢，数量 1 件。

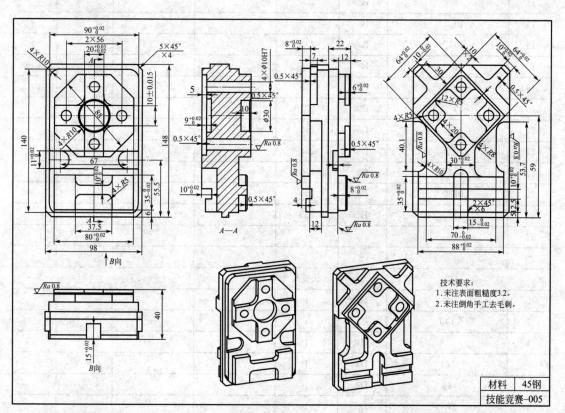

技术要求：
1. 未注表面粗糙度3.2。
2. 未注倒角手工去毛刺。

材料	45钢
技能竞赛-005	

附图 2-5

1. 评分表（附表2-5）

附表 2-5

序号	尺寸要求	位置	配分	学生测量	教师测量	三坐标测量	得分
主要尺寸（30分）							
1	$90^{+0.03}_{0}$	A2	2.5				
2	$20^{+0.01}_{-0.02}$	A2	2.5				
3	$20^{+0.015}_{-0.015}$	B3	2.5				
4	$17^{+0.02}_{0}$	C1	2.5				
5	$10^{+0.02}_{0}$	C2	2.5				
6	$35^{0}_{-0.03}$	C3	2.5				
7	$80^{+0.03}_{0}$	D2	2.5				
8	$9^{+0.02}_{0}$	B4	2.5				
9	$4 \times \phi 10 H7$	B5	2.5				
10	$10^{+0.02}_{0}$	C4	2.5				
11	$8^{+0.02}_{0}$	A6	2.5				
12	$6^{+0.02}_{0}$	B7	2.5				
13	$8^{+0.02}_{0}$	C7	2.5				
14	$64^{+0.03}_{0}$	B8	2.5				
15	$10^{0}_{-0.02}$	B8	2.5				
16	$10^{+0.02}_{0}$	B9	2.5				
17	$64^{0}_{-0.03}$	B9	2.5				
18	$30^{+0.03}_{0}$	C9	2.5				
19	$35^{+0.03}_{0}$	C8	2.5				
20	$15^{0}_{-0.02}$	D8	2.5				
21	$70^{0}_{-0.03}$	D8	2.5				
22	$88^{+0.03}_{0}$	D8	2.5				
23	$10^{+0.025}_{0}$	D9	2.5				
24	$15^{+0.02}_{0}$	E2	2.5				
25							
26							
次要尺寸（30分）							
1	80	B2	1				
2	140	C1	1				
3	148	C4	1				
4	6	D3	1				
5	98	D2	1				
6	37.5	D2	1				
7	67	C2	1				
8	5	B4	1				

序号	尺寸要求	位置	配分	学生测量	教师测量	三坐标测量	得分
9	10	B5	1				
10	$\phi 30$	B5	1				
11	7	B6	1				
12	22	A6	1				
13	12	B7	1				
14	5	C6	1				
15	12	D6	1				
16	5	C6	1				
17	12	D6	1				
18	4	D6	1				
19	10	B9	1				
20	3	B9	1				
21	$12 \times R5$	B8	1				
22	4×20	C8	1				
23	12.5	C9	1				
24	5	C9	1				
25	$4 \times R10$	C8	1				
26	48	E3	1				
27	48.7	C8	1				
28	$6\text{-}1 \times 45°$	D9	1				
29	30	B8	1				
30	$4 \times R10/4\text{-}5 \times 45°$	B2	1				
工件表面质量							
1	A	E1	0.8				
2	B	C5	0.8				
3	C	C9	0.8				
4	D	C8	0.8				
5	E	D7	0.8				
与图纸的一致性							
1	倒角	5处	2				
2	外观 切 1/处 划 1/处		2				
3	完成程度		2				
分数							

2. 时间分配

看图时间： 15min。

编程时间： 2h15min。

装夹工件刀具： 15min。

机床加工时间： 3h。

参 考 文 献

[1]　张喜江. 多轴数控加工中心编程与加工技术. 北京：化学工业出版社，2014.
[2]　刘颖. CAXA 制造工程师 2013 实例教程. 北京：清华大学出版社，2015.